高校环境类新形态系列教材

环境科学与工程专业实习实践指导

郑兰香　李　功　李　媛　编著

中国环境出版集团·北京

图书在版编目（CIP）数据

环境科学与工程专业实习实践指导 / 郑兰香，李功，李媛编著. -- 北京：中国环境出版集团，2024. 11.
（高校环境类新形态系列教材）. -- ISBN　978-7-5111
-6075-1

　　Ⅰ.X

中国国家版本馆 CIP 数据核字第 202460Y6T6 号

策划编辑　曹　玮
责任编辑　王　洋
封面设计　宋　瑞

出版发行　中国环境出版集团
　　　　　（100062　北京市东城区广渠门内大街 16 号）
　　　　　网　　　址：http://www.cesp.com.cn
　　　　　电子邮箱：bjgl@cesp.com.cn
　　　　　联系电话：010-67112765（编辑管理部）
　　　　　发行热线：010-67125803，010-67113405（传真）
印　　刷　玖龙（天津）印刷有限公司
经　　销　各地新华书店
版　　次　2024 年 11 月第 1 版
印　　次　2024 年 11 月第 1 次印刷
开　　本　787×1092　1/16
印　　张　7.75
字　　数　150 千字
定　　价　40.00 元

中国环境出版集团郑重承诺：
中国环境出版集团合作的印刷单位、材料单位均具有中国环境标志产品认证。

前　言

　　实习实践是环境科学与工程专业教学过程中的关键环节。在大工科背景下，随着生态环境问题日益严峻，环保标准不断提高，对环保人才的要求也越来越严格。新教育培养目标要求学生不仅要扎实掌握专业基础知识，还要能够理论联系实际，会用工程技术和方法来解决环境污染问题。因此，提升学生的实践能力、工程素质和创新精神已成为环境科学与工程专业重要的培养目标。

　　本书面向环境科学与工程相关专业本科及高职院校学生，以立德树人为根本任务，以传授知识、培养能力、提升素养为目标，秉承培养创新型应用人才理念，致力于环境领域创新型新工科人才的综合培养。本书内容涉及水、大气、固体废物、土壤等主要环境要素，较为全面地介绍了水污染控制、大气污染控制、固体废物处理与处置以及土壤污染防治与修复等方向的实习实践相关内容，既有相关理论知识，又融合了各方向的典型实习实践案例，体现了环境科学与工程专业的综合性特点。本书还结合现代大学生创新培养需求，探讨了大学生创新创业的内容。最后论述了实习实践的组织管理，为各高校环境类相关专业的实习实践提供参考和指导。

　　本书作者长期从事环境类专业的实习实践教学，基于近年来积累的实习实践指导经验精心编撰了此书。前言、第1章、第2章、第6章由郑兰香负责编写，第3章由李媛负责编写，第4章、第5章、第7章由李功负责编写。郑兰香、李功、李媛共同完成全书的统稿和校对。本书的编写得到了宁夏大学教材出版基金和宁夏自然科学基金项目（No.2023AAC03113）资助。在编写过程中，宁夏大学本科生院张亚红院长和张腾副院长给予了悉心指导和支持；研究生李宏旭、孙西燕和祁若瞳进行了部分资料整理；出版社提供了学习视频，丰富了教材形式和内容，曹玮社长和王洋编辑给予了悉心帮助。在此一并表示诚挚的谢意！

本书可作为高等院校环境科学、环境工程、环境科学与工程、市政工程、给排水科学与工程等专业的教学用书和环境污染治理技术人员的参考指导书。

由于作者水平有限，书中难免存在不足和错误之处，敬请读者批评指正。

作　者
2024 年 7 月于宁夏大学

目　录

第1章 绪 论

1.1 环境科学与工程专业的由来

环境是人类生存和发展的基础。人类既是环境的产物，也是环境的改造者。人类在发展过程中，不断运用自己的智慧，通过劳动改造自然，创造出新的生存条件。然而，受认知能力和科学技术水平的限制，人类在改造环境的过程中，往往会造成环境污染和生态破坏。

在人类早期的农业生产生活中，刀耕火种、砍伐森林等活动导致地区环境遭受破坏。随着社会分工和商品交换的不断发展，城市逐渐成为手工业和商业的中心，其排放的废水、废气和废渣，以及城镇居民产生的生活垃圾，进一步加剧了环境污染。工业革命之后，蒸汽机的广泛使用推动了社会生产力的快速发展，但同时也导致了工业污染事件的频繁发生。

1962 年，美国生物学家蕾切尔·卡逊所著的《寂静的春天》，在西方国家引起了强烈反响。1972 年，联合国召开了人类环境会议，并通过了《联合国人类环境会议宣言》，呼吁全球各国政府和人民共同致力于维护和改善人类环境，为子孙后代创造福祉。至此，环境问题及其污染防治为世界各国所重视。

实际上，中国古代书籍对污染控制早有记载。我国宋代的陈旉在其著作《农书》中详细介绍了一种沤制肥料的办法："于厨栈下深阔凿一池，结甃使不渗漏，每春米即聚砻簸谷壳，及腐稾败叶，沤渍其中，以收涤器肥水，与渗漉泔淀，沤久自然腐烂浮泛。"而在明崇祯十年（1637 年），宋应星所刻印的《天工开物》，则用文字记载了明矾可以净水。

我国环境科学与工程专业是随着环境问题的凸显和演变，在自然科学、工程科学和人文社会科学等多学科基础上，发展起来的新兴综合性交叉学科。由于环境问题的复杂性和综合性，人与环境相互作用范围的广泛性以及环境污染防控目标和手段的多样性，环境科学与工程专业同自然科学、工程科学、人文社会科学等多个学科之间相互交叉、渗透和融合。

随着我国对生态环境质量要求的不断提高以及环境治理的深入推进，国家生态环境标准不断提升，对环保人才的要求也越来越高。新的教育培养目标要求学生在掌握扎实专业基础知识的同时，能够理论联系实际，掌握运用工程技术和手段来解决环境污染问题。

1.2 环境科学与工程专业实习实践的重要性

当前，面对经济全球化的挑战和建设创新型国家的现实需求，国家对高等教育改革与发展提出了新的要求，迫切需要培养一大批具有国际竞争力的工程人才，特别是在环境学科领域，培养具备实践能力、工程素质和创新精神的人才尤为重要。

1.2.1 新时代对专业实习实践教改提出了新要求

卓越工程师教育培养计划（Outstanding Engineer Education and Training Program）是教育部贯彻落实《国家中长期教育改革和发展规划纲要（2010—2020 年）》和《国家中长期人才发展规划纲要（2010—2020 年）》的重大改革项目。实施卓越工程师教育培养计划是促进我国由工程教育大国迈向工程教育强国的重大举措，旨在培养造就一大批创新能力强、适应经济社会发展需要的高质量各类型工程技术人才，为国家走新型工业化发展道路、建设创新型国家和人才强国战略服务，对促进高等教育面向社会需求培养人才、全面提高工程教育人才培养质量具有十分重要的示范和引导作用。

2010 年，教育部启动卓越工程师教育培养计划后，各高校环境类专业积极申请加入该计划，或者以"卓越工程师"为导向，积极调整培养方案，提高实践性环节在培养方案中的比重和学分。

2017 年，教育部相继发布了《关于开展新工科研究与实践的通知》和《关于推荐新工科研究与实践项目的通知》，指导我国工科专业教育模式的改革。各高校工科专业也从教育理念、专业结构、质量标准、课程体系及实践环节等多个方面入手，制订满足新工科要求的高级工程技术人才培养方案。在新工科的建设中，实践环节在加深学生对理论知识理解的同时，在培养学生实践能力、创新意识、工程实践能力等方面起到了决定性作用，这些直接关系到人才培养目标能否达成。工程教育的实践教学体系从课程实验、专业认知实践到工程综合实践等多个层次，培养学生的专业基础实践能力及工程实践能力，旨在最终培养出适应新产业发展需求的高素质应用型人才。

1.2.2 实习实践教改成为高校教学的共同关注点

近年来，全国高校环境类专业积极探索实习实践教学改革。在中国知网（CNKI）数据库中，以"环境科学""环境工程""环境科学与工程""实习""实践"为主题进行检索，共检索到相关文献总数 93 篇。由 CNKI 的可视化分析可知，2003—2023 年，每年都有环境类专业的实习实践教改论文发表，且从 2008 年之后，发文量总体呈上升趋势（图 1-1）。

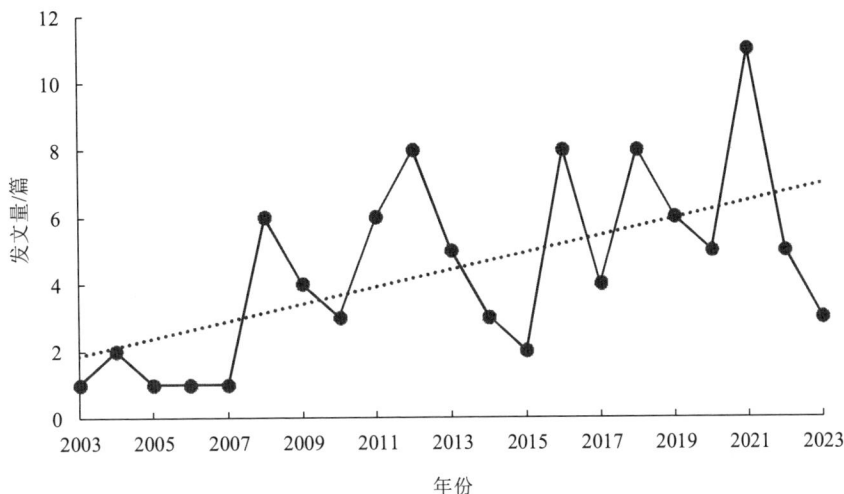

图 1-1 2003—2023 年发文量情况

从与实习实践相关的主题分布来看（图1-2），主要关注点在环境工程、环境科学、环境科学与工程专业的实践教学、教学改革、实习教学、课程体系和生产实习等方面，并在毕业实习、专业实习、专业认证、实践教学体系和专业课程体系等方向有所拓展。

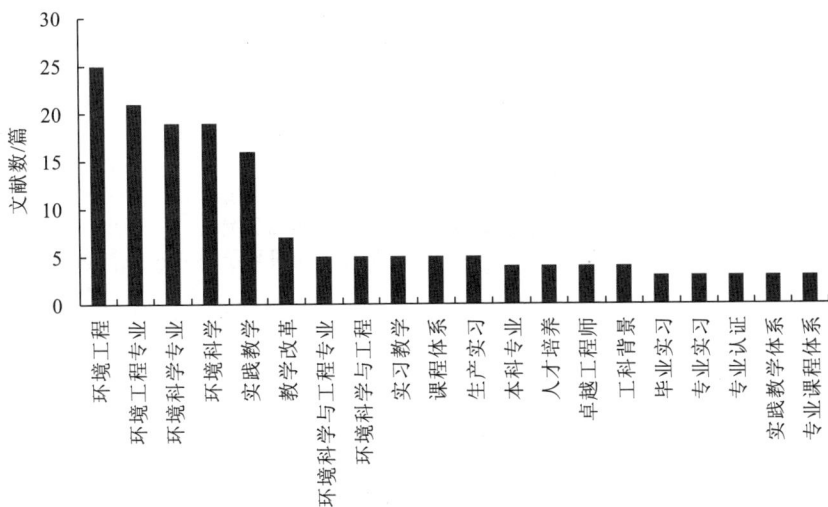

图 1-2 主题分布情况

可见，在生态文明建设框架和大工科背景下，环境科学与工程专业中的实践性环节显得越发重要，实习实践相关的教学改革也日益为各高校重视。

1.3 环境科学与工程专业实习实践的发展

新工科建设的核心是要将工程教育的理念、教学体系及能力要求融入现有的人才培养方案中，针对国家及地方发展规划、行业需求和未来发展的要求，培养能够解决复杂工程问题的应用型人才。未来，环境科学与工程专业的实习实践将会随着国家需求不断发展和延伸。

在实习实践的内容上，与课程理论教学相关的，主要涉及生产实习、毕业实习、专业实习等多个环节。为了提升学生的创新能力，我们进一步优化并拓展了学生的实践能力，包括自主研究学习，自主参与解决实际问题的大学生创新创业项目、"挑战杯"和大学生暑期"三下乡"社会实践活动，以及自主参加各类学科竞赛等。

在实习实践的方式方法上，不再局限于工厂、企业的现场参观和生产性学习，而是随着现代技术的发展，即使无法进行现场实习实践，也可采用模拟仿真等方式，让学生在线上完成实习过程。

在实习实践平台建设上，以校内外实习基地为核心，依托校友和校企联盟，不断拓宽实习途径。

国家推动创新驱动发展，社会对工程科技人才提出了更高要求。加快高校工程教育改革创新，推进新工科的建设与发展，实习实践教育将助力培养卓越环保人才。

扫码查看
☑ AI环境科学智库
☑ 环境监测特训营
☑ 环评师养成课堂
☑ 环保法规研习所

第2章 水污染控制实习实践

水污染控制是环境科学与工程专业的主要方向之一，其教学成效直接关系到学生培养的质量。课堂教学是水污染控制理论知识的学习主阵地，而将理论与实践相结合，达到学以致用的目的，则是实习实践的目标任务。

本章通过介绍城镇生活污水处理工艺、工业废水处理工艺及人工湿地处理工艺，阐明它们的工作原理和实际运行维护的技术要点，为提高学生的实习实践效果提供保障。

2.1 城镇生活污水处理原理

2.1.1 城镇生活污水性质

城镇生活污水指城镇居民生活污水，机关、学校、医院、商业服务机构及各种公共设施排水，以及允许排入城镇污水收集系统的工业废水和初期雨水等。

城镇生活污水中 90%以上是水，普遍含有悬浮物、溶解态有机物和无机物、植物营养素（氮、磷）和病原体（细菌、寄生虫、病毒）等。其中，有机物包括纤维、淀粉、蛋白质、油脂、含糖物质等；无机物包括硫酸盐、磷酸盐、碳酸氢盐、氟化物及钙、镁、钠、钾等。污染物以化学需氧量（COD）、五日生化需氧量（BOD_5）、悬浮物（SS）、氨氮（NH_3-N）、总氮（TN）、总磷（TP）、重金属等化学指标表征。因地理区位、居民生活水平及季节等差异，不同城镇生活污水的水质水量特征存在差异及变化。一般城镇生活污水的可生化性较好，COD 为 300～500 mg/L，BOD_5 为 100～200 mg/L，SS 为 100～180 mg/L，NH_3-N 为 20～30 mg/L，TN 为 40～60 mg/L，TP 为 8～10 mg/L。

2.1.2 污水生化处理原理

目前，城镇生活污水主要采用活性污泥法进行处理。活性污泥法是 1914 年由英国的 Ardern 和 Lockett 提出，已有 100 多年的历史。活性污泥法通过微生物的新陈代谢作用，实现污水中污染物的降解（图 2-1）。污水中的大分子有机物被活性污泥吸附后，在胞外酶的作用下分解成小分子物质，小分子物质可以透过细胞膜进入微生物体内，从而实现对有机物的降解。被微生物降解的污染物一部分转化为 CO_2、H_2O、NH_3 等代谢产物，另一部分则被同化为新细胞物质，体现为细胞增殖。

图 2-1　微生物的新陈代谢过程

2.1.3　城镇生活污水典型处理流程

城镇生活污水典型处理工艺流程如图 2-2 所示。

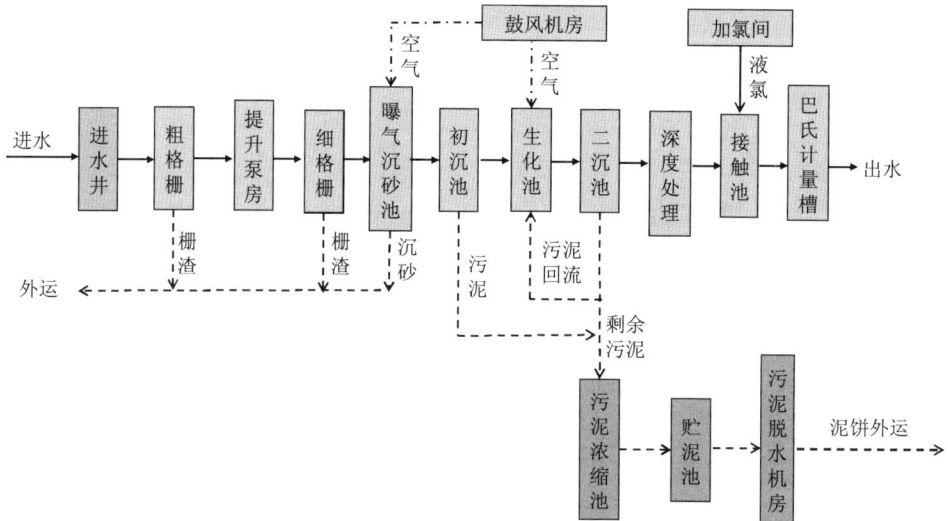

图 2-2　城镇生活污水典型处理工艺流程

　　污水通过污水管网进入污水处理厂后，先经过粗格栅、细格栅、曝气沉砂池和初次沉淀池（简称初沉池）等一次处理去除漂浮物、较大的砂粒及部分有机物后，进入二级处理单元。二级处理单元主要包括生化反应池（简称生化池）和二次沉淀池（简称二沉池），在生化池去除有机物和实现脱氮除磷过程；在二沉池进行泥水分离后，上清液经消毒后外排，部分污泥回流至生化池补充并维持系统的生物量稳定，剩余污泥脱水后外运。

2.2　城镇生活污水处理工艺

目前，城镇生活污水主要采用活性污泥法处理，其中厌氧-缺氧-好氧活性污泥法（A^2/O）、氧化沟和序批式活性污泥法（SBR）是应用广泛的主流工艺。

2.2.1　A^2/O 工艺

（1）A^2/O 工艺原理

A^2/O 工艺也称 A/A/O 工艺，是 Anaerobic/Anoxic/Oxic 工艺的简称，处理系统包括厌氧池、缺氧池、好氧池，工艺核心流程见图 2-3。

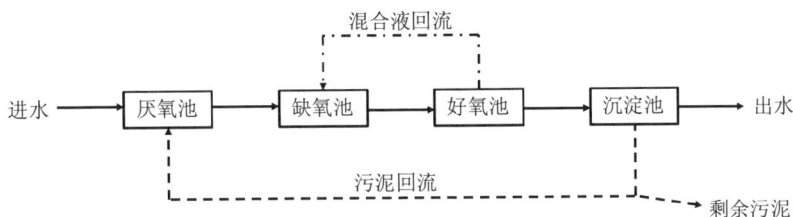

图 2-3　A^2/O 工艺核心流程

污水和二沉池的回流活性污泥一同进入厌氧池，聚磷菌在厌氧环境中释磷，同时将易降解的有机物转化为聚β-羟基丁酸（PHB），对部分含氮有机物进行氨化。

在厌氧池，废水中的 BOD_5、COD 有一定程度的下降，由于细胞的合成 NH_3-N 也有一些降低，但硝态氮（NO_x-N）含量没有变化，磷的含量由于聚磷菌的释放而增加。

污水经过厌氧池后进入缺氧池进行脱氮，NO_x-N 通过混合液回流由好氧池来到缺氧池，在反硝化菌的作用下，部分有机物利用 NO_x-N 作为电子受体而得到降解去除，同时 NO_x-N 被还原为氮气。

混合液经过缺氧池后进入好氧池，好氧池除进一步降解有机物外，主要进行磷的吸收和 NH_3-N 的硝化。聚磷菌超量吸收磷，并通过剩余污泥的排放将磷从污水处理系统中去除。硝化细菌通过生物硝化作用，将 NH_3-N 及由有机氮氨化成的 NH_3-N 转化成 NO_x-N。

（2）A^2/O 工艺的优缺点

A^2/O 工艺流程简单，能同时做到脱氮和除磷，反硝化过程为硝化提供碱度的同时可以去除部分有机物；污泥在厌氧-缺氧-好氧环境中交替流动，抑制了丝状菌的生长繁殖，污泥沉降性能好；运行时一般不需投加碳源，水力停留时间短，运行费用低。但其脱氮能力取决于污泥龄、混合液回流比，因受其限制，系统的处理效果难以进一步提高，含有溶解氧（DO）和 NO_x-N 的回流污泥进入厌氧区对除磷效果有影响，聚磷菌和反硝化菌都需要易降解有机物，常常很难同时取得好的脱氮和除磷效果。

（3）A^2/O 典型工艺流程

用于城镇生活污水处理的 A^2/O 典型工艺流程如图 2-4 所示。

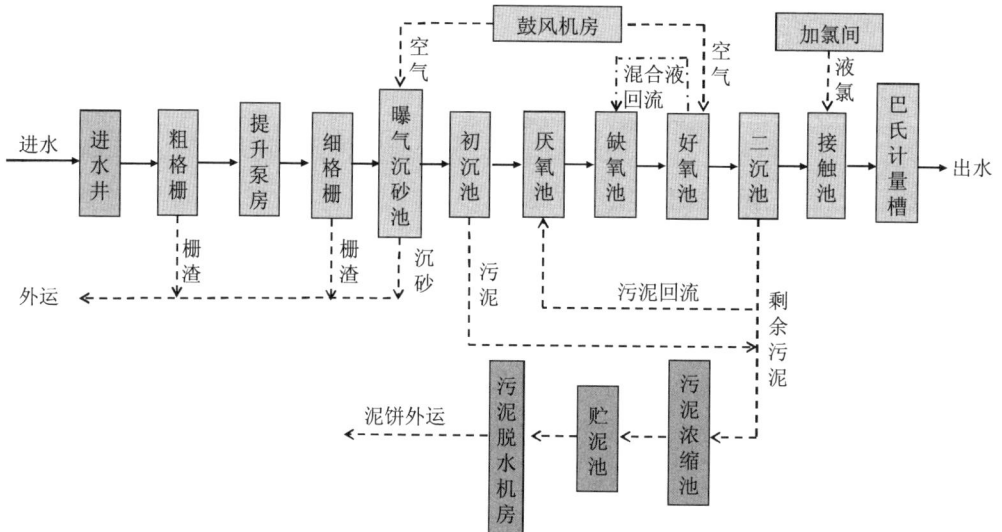

图 2-4 A^2/O 典型工艺流程

2.2.2 氧化沟工艺

氧化沟又称氧化渠（oxidation ditch，OD），因其构筑物呈封闭的沟渠形而得名。氧化沟中污水和活性污泥的混合液在反应池中闭合式曝气渠道进行连续循环。氧化沟通常在延时曝气条件下使用，水和固体的停留时间较长，有机负荷较低。

（1）氧化沟的主要类型

1）基本型氧化沟

基本型氧化沟处理规模小，一般采用卧式转刷曝气；水深为 1~1.5 m；氧化沟内污水水平流速为 0.3~0.4 m/s。为了保持流速，其循环量为设计流量的 30~60 倍。

基本型氧化沟工艺流程如图 2-5 所示。

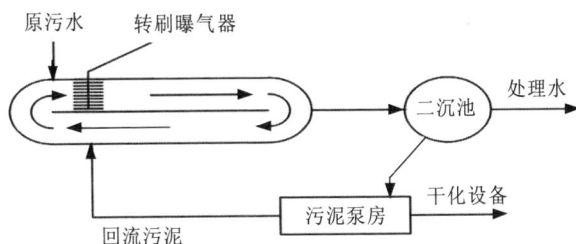

图 2-5　基本型氧化沟工艺流程

2）卡鲁塞尔氧化沟

卡鲁塞尔（Carrousel）氧化沟为一个多沟串联反应池，进水与活性污泥混合后在沟内不停地循环流动。每个沟渠的一端均安装有 1 个表面机械曝气器，靠近曝气器下游的区段为好氧区，处于曝气器上游和下游较远的区段为缺氧区或厌氧区，混合液在沟内交替进行好氧、缺氧和厌氧反应，为生物脱氮除磷提供了良好的条件，而且有利于生物絮凝，使活性污泥更易沉淀。卡鲁塞尔氧化沟典型布置如图 2-6 所示。

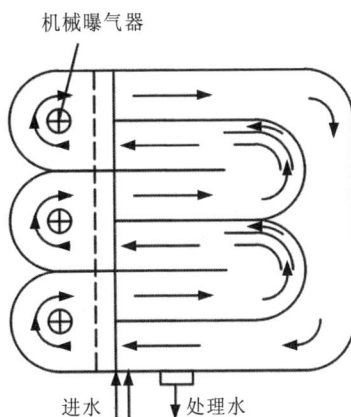

图 2-6　卡鲁塞尔氧化沟典型布置

卡鲁塞尔氧化沟一般采用表面机械曝气，水深可达 4～4.5 m，沟内水流速度为 0.3～0.4 m/s。在有机负荷较低时，可停止运行部分曝气设备，以减少电耗。

3）交替工作式氧化沟

交替工作式氧化沟由丹麦 Kruger 公司发明，有双沟交替（DE）型和三沟交替（T）型两种类型。

DE 型氧化沟系统由 2 个串联的氧化沟组成。通过改变进水出水顺序和曝气转刷转速使两沟在缺氧和好氧条件下交替运行。由于两沟交替工作，避免了厌氧/好氧（A/O）生物脱氮系统中的混合液内回流过程。DE 型氧化沟系统及工作过程见图 2-7。

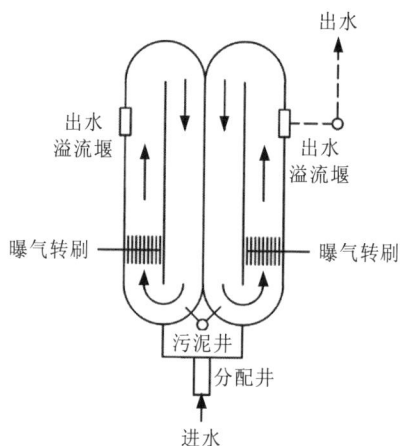

图 2-7　DE 型氧化沟系统及工作过程

　　T 型氧化沟布置如图 2-8 所示。T 型氧化沟由三条相同容积的沟槽串联组成，两侧的 A 池、C 池交替作为曝气池和沉淀池，中间的 B 池一直为曝气池。原污水交替地进入 A 池或 C 池，处理出水则相应地从作为沉淀池的 C 池或 A 池流出，从而提高曝气利用率，另外也有利于生物脱氮。

　　T 型氧化沟的水深在 3.5 m 左右。一般采用水平轴转刷曝气，两侧沟的转刷曝气为间歇式曝气，以使污水处于缺氧状态，中间沟的转刷曝气为连续曝气。它由自动控制系统根据其运行程序自动控制进出水的方向、溢流堰的升降以及曝气转刷的开动和停止。

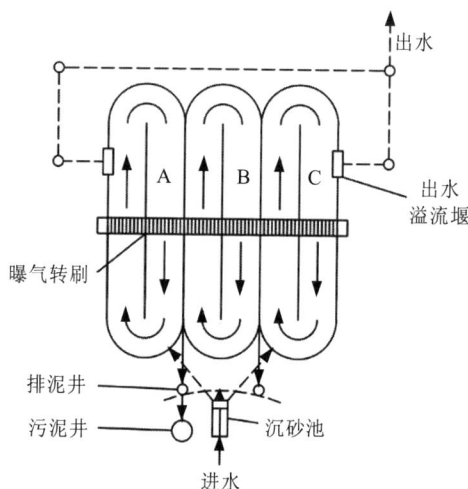

图 2-8　T 型氧化沟布置

4）奥贝尔氧化沟

奥贝尔（Orbal）氧化沟是由多个同心的椭圆形或圆形沟渠组成，污水与回流污泥均先进入最外一条沟渠，在不断循环的同时，依次进入下一个沟渠。它相当于一系列完全混合反应池串联而成，最后混合液从内沟渠排出。

奥贝尔氧化沟通常分为三条沟渠，外沟渠容积占总容积的 60%～70%，中沟渠容积占总容积的 20%～30%，内沟渠容积仅占总容积的 10%左右。奥贝尔氧化沟布置如图 2-9 所示。

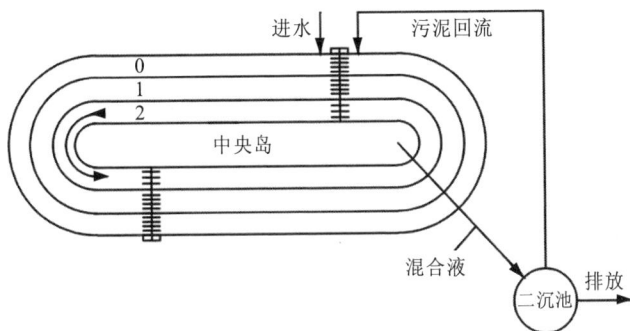

图 2-9　奥贝尔氧化沟布置

奥贝尔氧化沟曝气设备一般采用曝气转盘，水深为 2～3.6 m，沟底流速为 0.3～0.9 m/s。运行时，外沟渠、中沟渠、内沟渠分别为厌氧、缺氧、好氧状态。溶解氧保持较大的梯度，有利于提高充氧效率，同时有利于实现有机物的去除，达到脱氮除磷的要求。

5）其他氧化沟

常见的其他氧化沟还包括导管式氧化沟和射流曝气氧化沟。

导管式氧化沟是 20 世纪 80 年代初由美国推出的，它以导管式曝气器（draft tube acrator，DTA）替代转刷表曝机等。导管式氧化沟由四部分组成，即氧化沟（内设阻流墙）、导管式曝气器设备、导流管、供氧系统。导管式氧化沟内流速由水力推进器维持，供氧由鼓风机提供，氧化沟内的混合和供氧分别由两套装置独立承担；水流从氧化沟底部推进，可避免底部污泥淤积。导管式氧化沟内的水深与采用转刷的氧化沟相比，受到限制较少；氧化沟内的水位可进行较大幅度调节，而不影响导管式曝气器设备的运行；溶解氧可通过供氧量来调节，可较大幅度控制氧化沟内高氧区和低氧区的比例；在导管式氧化沟中，沉淀池可以是合建式也可以是分建式。导管式氧化沟系统比较适合小型污水处理厂。

曝气设备采用射流曝气器的氧化沟称为射流曝气氧化沟。这种氧化沟与其他类型氧化沟的显著区别在于曝气设备的差异。在射流曝气氧化沟中，通常在沟底安装射流曝气装置，该装置将压缩空气与混合液在混合室充分混合，完成水、泥、气三相的混合掺和传质，并以挟气溶气的状态沿水流流动方向射出，达到氧化沟要求的曝气充氧和搅拌推流的双重功能。

（2）氧化沟典型工艺流程

氧化沟典型工艺流程如图 2-10 所示。

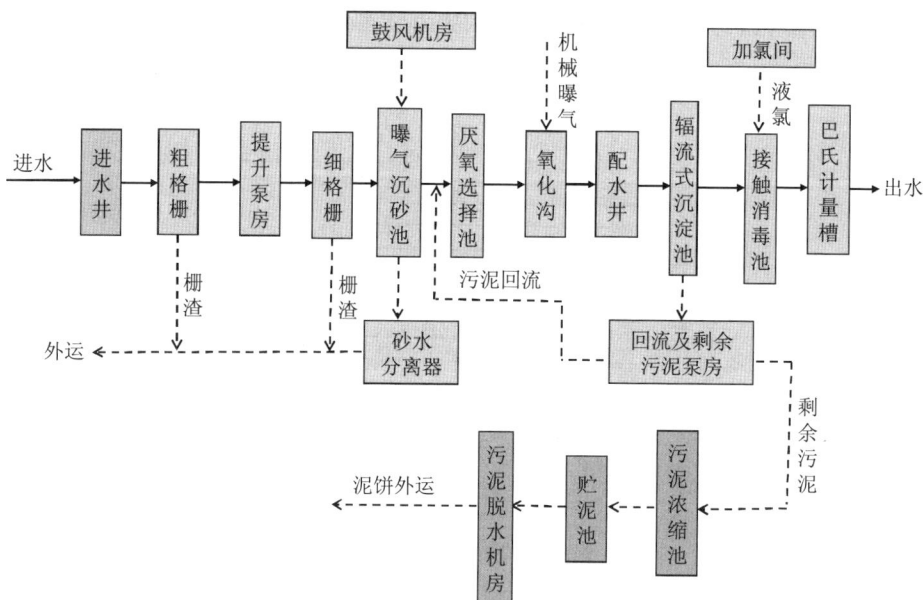

图 2-10　氧化沟典型工艺流程

氧化沟曝气池占地面积相较于一般的生物处理工艺要大，但是由于其不设初沉池，一般也不需要建设污泥厌氧消化系统，因此，这就节省了构筑物之间的空间，使污水处理厂总占地面积未增大，在经济上具有一定的竞争力。

（3）氧化沟工艺特点

1）氧化沟工艺结合了推流和完全混合两种流态

污水进入氧化沟后，在曝气设备的作用下，会快速且均匀地与沟内混合液混合。混合后的水流在封闭的沟渠中循环流动。污水在氧化沟中的水力停留时间多为 10～24 h，因此可以推算出污水在每个停留时间内要完成 30～200 次循环。氧化沟在短时间内（如一个循环中）呈现推流特征，而在长时间内（如多次循环中）则是呈现完全混合特征，两者的结合，可减少短流现象，使进水被数十倍甚至数百倍的循环水稀释，从而显著提升氧化沟的缓冲能力。

2）氧化沟具有明显的溶解氧浓度梯度

氧化沟的曝气装置一般是定位布置的，因此在装置下游混合液的溶解氧浓度较高。随着水流沿沟长方向的流动，溶解氧浓度逐步降低，某些位置溶解氧的浓度甚至降至零，出现明显的溶解氧浓度梯度。利用溶解氧在沟中的浓度变化以及好氧区和厌氧区的空间分区特征，氧化沟工艺可以在同一构筑物内实现硝化和反硝化过程，这样不仅能够利用硝酸盐中的氧，节省 10%～25% 的需氧量，而且通过反硝化作用恢复了硝化过程消耗的部分碱度，有利于节约能源和减少化学药剂的用量。

3）氧化沟工艺采用的处理流程较短

氧化沟工艺处理城镇生活污水时可不设初沉池。另外，氧化沟采用的污泥平均停留时间较长，其剩余污泥量少于一般活性污泥法，而且氧化沟排放的剩余污泥已在沟内得到一定程度的稳定，因此一般可不设污泥消化处理装置。

工艺流程中的二沉池可与氧化沟分建也可与氧化沟合建（视具体的沟型）。合建的氧化沟可省去单独的二沉池和污泥回流系统，使处理构筑物的布置更加紧凑。另外，氧化沟工艺也可参与不同的工艺单元操作过程，如氧化沟前增加厌氧池可以提高系统的除磷功能，也可将氧化沟作为吸附-生物降解（AB）法的 B 段，有助于处理系统整体负荷的改善和出水水质的提高。因此，氧化沟污水处理工艺的流程简单，运行操作的灵活性较高。

2.2.3 SBR 工艺

SBR（sequencing batch reactor）这个术语是 Irvine 于 1971 年在普渡大学工业废物会议（Purdue Industrial Waste Conference，PIWC）上提出的，用来描述间歇运行的活性污泥周期工艺，是专门为处理小流量与间歇排放的有机废水而设计的。SBR 工艺的污水处理机理与普通活性污泥法相同。该工艺的特征在于以进水、反应、沉淀、排水及闲置 5 个运行工序为一周期的连续重复，每个周期是根据它所处在循环内的阶段和功能进行定义的。目前，SBR 工艺已广泛用于处理各种废水，并产生了多种各具特色的衍生工艺，包括间歇式排水延时曝气活性污泥法（IDEA）、间歇式循环延时曝气活性污泥法（ICEAS）和循环式活性污泥法（CASS）等。

（1）SBR 的运行工序

SBR 属于活性污泥法的变形工艺，其运行过程由不断循环的反应周期组成。典型的 SBR 反应周期分为进水期、反应期、沉淀期、排水期和闲置期 5 个时期，如图 2-11 所示。

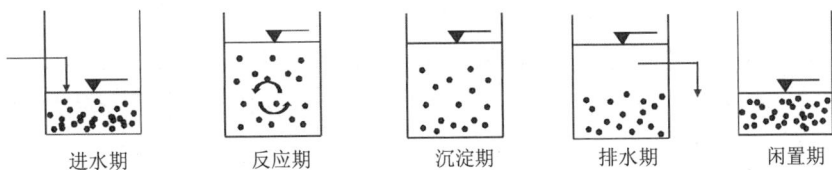

进水期　　　反应期　　　沉淀期　　　排水期　　　闲置期

图 2-11 典型的 SBR 反应周期

1）进水期

进水期是反应池接纳污水的过程。污水进入曝气池前，该池处于上一周期的闲置期，此时反应器中有高浓度的活性污泥混合液，相当于传统活性污泥法中污泥回流的作用。污水流入，当注满后再进行曝气操作，曝气池能有效地调节污水的水质水量；如果污水流入的同时进行曝气，则可使曝气池内的污泥再生和恢复活性，并对污水起到预曝气的作用；当污水流入的同时不进行曝气，而是进行缓速搅拌使之处于缺氧状态，则可进行脱氮与聚磷菌对磷的释放。

2）反应期

当污水注入达到预定容积后，可根据污水处理的目的，如 BOD_5 去除、硝化、磷的吸收以及反硝化等，采取相应的技术措施。例如，BOD_5 去除、硝化、磷的吸收过程需要曝气，而反硝化过程则需要缓速搅拌，并根据需要达到的程度来确定所需反应的时间。而在进行反硝化反应时，应停止曝气，使反应器进入缺氧或厌氧状态，并采用缓速搅拌；如需向反应器内补充电子供体，可投加甲醛或注入少量有机污水。

3）沉淀期

沉淀工序相当于传统活性污泥法的二沉池，此时曝气和搅拌均已停止，污泥絮体和上清液进行泥水分离。此时反应基本静止，因此沉淀效率更高，更有助于实现固液分离。

4）排水期

通过滗水器将曝气池沉淀后的上清液排出，使活性污泥留在池内，作为下一个周期的菌种使用，而剩余污泥则被排出反应器。通常，SBR 反应器中的活性污泥量占反应器总容积的 30%～50%。

5）闲置期

闲置期不是必要的工序，当前几个工序无缝衔接时，可不设闲置期。闲置期的作用是通过搅拌、曝气或静置使微生物恢复活性，并起到一定的反硝化作用以进一步脱氮，为下一个运行周期创造良好的初始条件。闲置后的活性污泥处于一种营养物质的饥饿状态，此时单位质量的活性污泥具有很大的吸附表面积，能够在下一个周期中发挥较强的污染物去除效果。

（2）SBR 工艺优点

1）工艺流程简洁，节省基建和运维费用

SBR 工艺的主体设备只有一个间歇反应器，流程简洁。与传统活性污泥法相比，它不需要二次沉淀池、回流污泥及其设备，节省了基建和运维费用。工艺流程简洁的特点也使得构筑物的布置紧凑，占地面积小。虽然工艺污水的总水力停留时间与其他工艺相差不大，但通常相邻 SBR 池共用池壁，使得土建的造价相对较低。

2）生化反应推动力大，处理效果好

SBR 工艺是非连续的操作过程，工作过程中，池中的有机物浓度随时间变化，活性污泥处于一种交替的吸附、吸收和生物降解过程。有机物浓度从进水时的最高值，经过反应以后，逐渐降低，整个反应过程没有被稀释，保持着最大的生化反应推动力，从而保证了比较好的处理效果。

3）控制灵活，易于实现脱氮除磷

工艺过程中的各工序可根据水质、水量进行调整，运行灵活。根据进出水水质的要求，可通过改变工艺的工作方式，如搅拌混合、曝气等有选择地创造缺（厌）氧、好氧的状态；也可以通过对各工序运行时间、污泥龄等的控制，实现脱氮除磷的目的。

4）污泥沉降性能好

SBR 工艺的污泥易于沉降，污泥体积指数（SVI）值较低。SBR 工艺由于存在较高的有机物浓度梯度，污泥龄短，比增长率大，而且缺氧和好氧状态交替出现，能够有效抑制专性好氧丝状菌的过量繁殖。因此，SBR 工艺不易发生污泥膨胀。

5）耐冲击负荷大、处理有毒或高浓度有机废水的能力强

SBR 工艺属于典型的完全混合式，因此它的耐冲击负荷大。此外，污泥沉降性能良好且不需要回流污泥，使得反应器能够维持较高的混合液悬浮固体（MLSS）浓度而不会增加回流污泥的成本。同等条件下，较高的 MLSS 浓度能实现较低的污泥负荷（F/M）值。

（3）典型 SBR 工艺流程

典型 SBR 工艺流程如图 2-12 所示。因为 SBR 池具有沉淀功能，所以流程中不需要设置二沉池。

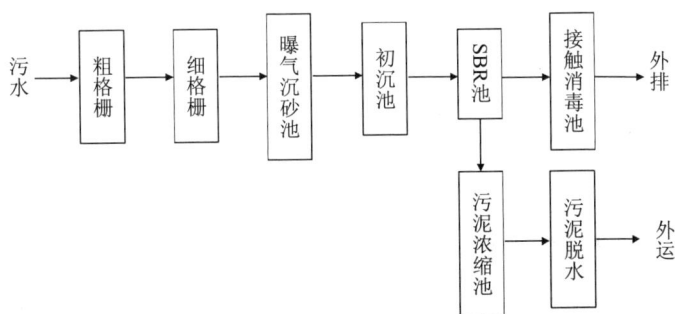

图 2-12 典型 SBR 工艺流程

2.2.4 活性污泥工艺

（1）活性污泥系统日常监测

为了保证活性污泥系统正常运行，日常需要对污水处理厂的运行状态进行例行监管，

对污泥性质和水质等相关指标进行检测。除对污水厂的动力系统、污泥处理系统和水处理构筑物等进行日常管理之外，每天还需检测部分指标（表 2-1），确保工艺运行稳定。

表 2-1　污水处理厂日常检测指标

类　别	检测指标	备　注
水处理效果指标	BOD_5、COD、NH_3-N、TN、TP	每天检测（毒物除外）
污泥性状指标	污泥镜检、MLSS、MLVSS[①]、SV[②]、SVI	
环境指标	DO、pH、水温、毒物等	

①指挥发性悬浮固体浓度。
②指污泥沉降比。

（2）活性污泥异常控制

1）污泥膨胀及其控制措施

通常采用 SVI 值作为衡量污泥沉降性能好坏的指标。正常的活性污泥 SVI 值为 50～150 mL/g，当 SVI 值超过 200 mL/g 时即发生污泥膨胀。

污泥膨胀分为丝状菌膨胀和非丝状菌膨胀，当污水中碳水化合物较多，氮、磷等营养缺乏或溶解氧浓度较低时会导致丝状菌膨胀；而当污泥负荷过高，菌胶团吸附有机物代谢不及时，在胞外分泌大量多糖类物质，从而吸附大量结合水，使得污泥 SVI 增加，此时的膨胀称为非丝状菌膨胀。

控制污泥膨胀的措施如下：

①控制 DO 在 2 mg/L 以上。

②控制污泥有机负荷为 0.2～0.5 kg BOD_5/（kg MLSS·d）。

③确保 BOD_5：N：P 为 100：5：1 左右。

④当发生污泥膨胀时，可以投加次氯酸钠或双氧水杀死丝状菌；或投加硅藻土、粉末活性炭、铁盐等提高污泥的沉降性能。

2）污泥上浮及其控制措施

污泥上浮的原因有多种，如可能因表面曝气机转速过大，污泥絮体破碎导致污泥上浮；也可能是二沉池排泥不畅，污泥腐化，厌氧产气促使污泥上浮。

如果是污泥絮体破碎导致污泥上浮，则应适当降低表面曝气机转速，减小剪切作用对污泥的影响。如果在二沉池中发生反硝化产气过程，则应减小生化池的曝气量，增加污泥回流量或排泥量。如果是污泥腐化造成的污泥上浮，则应检查刮泥板是否破损，确保排泥通畅。

3）泡沫问题及控制措施

生化池中产生的泡沫，会隔绝污水与大气的接触，影响机械曝气的效果。另外，泡沫表面吸附大量污泥絮体，会影响二沉池的沉降效果，导致出水 SS 超标。

常见控制泡沫的措施如下：

①对于洗涤剂或其他起泡物质影响的泡沫问题，可采用压力水或除泡药剂喷洒破坏泡沫；

②对于发泡细菌引起的生物泡沫，可采用投加二氧化氯、双氧水等杀菌措施。

2.3 工业废水处理工艺

2.3.1 制药废水处理工艺

（1）制药废水的来源

制药废水的来源大致可分为生产过程排水、辅助过程排水、冲洗水及其他。

①生产过程排水是最主要的一类废水，包括废滤液、废母液、其他母液、精制纯化过程的溶剂回收残液等。这类废水的特点是浓度高、呈酸碱性，以及温度变化大及含有药物残留等。虽然水量未必很大，但是污染物含量高，在全部废水中的 COD 比例高、处理难度大。

②辅助过程排水，包括工艺冷却水、动力设备冷却水、循环冷却水、系统排污、水环真空设备排水、去离子水制备过程排水，以及蒸馏或加热设备冷凝水等。这类废水污染物浓度低，但水量大，且企业间差异较大；一些水环真空设备排水含有溶剂，COD 浓度较高。

③冲洗水及其他，包括容器设备冲洗水、过滤设备冲洗水、树脂柱（罐）冲洗水、地面冲洗水等。其中，过滤设备冲洗水污染物浓度也相当高，废水中主要是悬浮物；树脂柱（罐）冲洗水水量比较大，初期冲洗水污染物浓度高，并且酸碱性变化较大，是一类主要废水。

微生物发酵法生产抗生素的一般工艺流程及排污点，如图 2-13 所示。

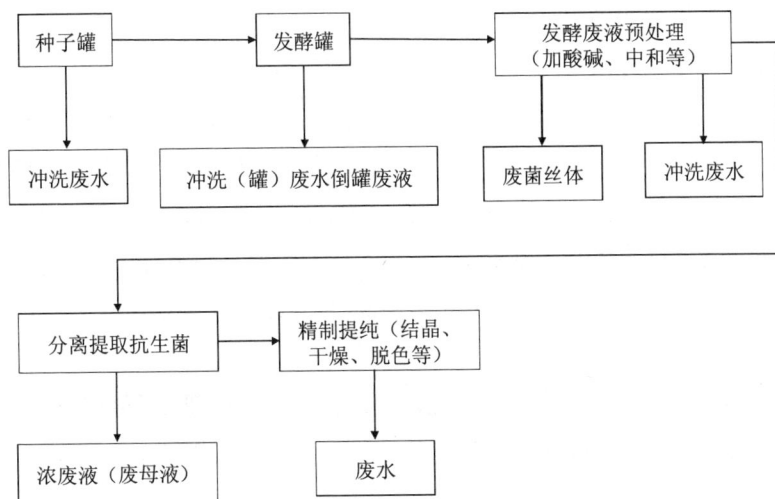

图 2-13 微生物发酵法生产抗生素的一般工艺流程及排污点

（2）制药废水的典型处理工艺

制药废水通常具有较高的 COD，单独的厌氧或好氧处理难以实现排放要求，通常将厌氧和好氧工艺相结合以达到处理效果，满足排放标准。图 2-14 为制药废水的典型处理工艺流程。

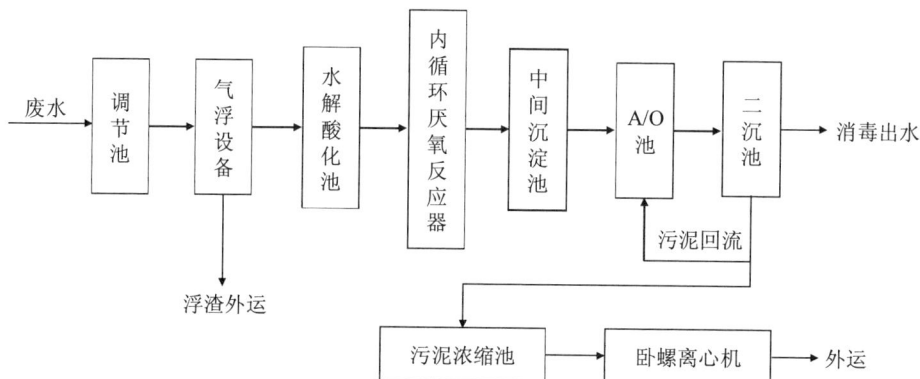

图 2-14　制药废水的典型处理工艺流程

2.3.2　焦化废水处理工艺

（1）焦化废水的来源及特征

焦化废水的来源主要是炼焦煤中的水分，是在煤高温干馏过程中，随煤气逸出，最终冷凝形成的液体。首先，煤气中含有多种有机物，凡能溶于水或微溶于水的，均在冷凝过程中形成极其复杂的剩余氨水，这是焦化废水中最主要的部分。其次，煤气净化过程，如脱硫、除氨以及提取精苯、萘和粗吡啶等过程中会产生原废水。最后，焦油加工和粗苯精制过程会产生废水，尽管这部分废水的量不大，但其成分却相当复杂。

焦化废水污染物种类繁多，成分复杂。其特点如下：水量比较稳定，水质因煤质、产品以及加工工艺而有所差异；废水中有机物质多，多环芳烃多，大分子物质多。有机物质中有酚、苯类、有机氮类（吡啶、苯胺、喹啉、咔唑、哚等）、萘、蒽类等。无机物中浓度比较高的物质有 NH_3-N、SCN^-、Cl^-、S^{2-}、CN^- 等；废水中 COD 较高，可生化性差，其 BOD_5 与 COD 的比值一般为 $0.28 \sim 0.32$，属较难生化降解废水。

（2）焦化废水处理工艺

目前国内焦化废水主要采用"物化处理+预处理+生化处理+后处理+深度净化处理"的联合处理工艺，并根据不同的生产对象和废水水质优先采用图 2-15 所示的技术路线。

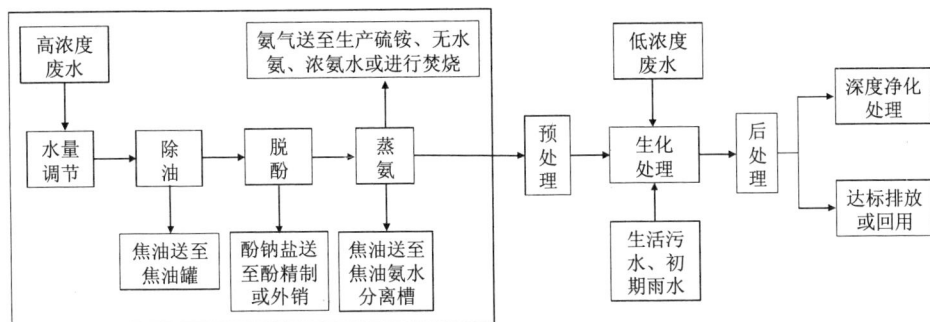

图 2-15　焦化废水处理技术路线

1）预处理

预处理单元的任务是除油、调节水质水量和降温，以提高废水可生化性，降低后续生化处理系统的污染负荷，保障生物脱氮系统稳定运行。工程设计时，可结合企业水质特点及生化系统处理工艺，选择建设重力除油池、气浮除油池、水量调节池、均质池等构筑物。若处理高浓度焦化废水，则建议在调节池后增设预曝气池，以去除废水中抑制硝化和反硝化菌生长的 SCN⁻、酚类、CN⁻等，并进一步降低废水中 COD 浓度，提高焦化废水处理系统的抗冲击负荷能力。预处理单元在运行过程中对 DO 的控制非常重要，DO 过低，废水中酚、氰等去除效果差，将直接抑制生物脱氮的效果；DO 过高，COD 降解率会大幅提高，造成后段生物脱氮所需碳源严重不足，使反硝化效率不高，影响总氮脱除。

2）生化处理

焦化废水生化处理应包含缺氧反硝化/好氧硝化基础脱氮工艺。生化处理是焦化废水处理的重要工艺过程，通过生化处理，可去除废水中绝大多数污染物。生物脱氮是生化处理的核心，包括一级和两级生物脱氮处理。一级生物脱氮处理技术包括 A/O 工艺及由其衍生而来的 A/A/O、O/A/O、A/O/O、A/A/O/O 等工艺。其中，A/O 工艺是在普通活性污泥法基础上的改进，可充分利用微生物的硝化和反硝化作用进行脱氮，同时降解有机物。为实现出水 TN 达标，在原有 A/O 生物脱氮工艺的基础上，再串联一级 A/O 工艺，增设后置反硝化装置，即两级生物脱氮处理工艺。生产实践表明，不同工艺对焦化废水中各污染组分的去除效率有所差异，具体影响因素包括进水水质、厌氧池或缺氧池工艺参数（水力停留时间、硝化液回流比、碳氮比、pH、填料等）、好氧池工艺参数（污泥浓度、污泥体积指数、污泥龄、DO、pH、营养元素等）以及二沉池的表面水力负荷和沉淀时间等。

3）深度净化处理

常用的深度净化处理技术包括混凝沉淀技术、高级氧化技术［包括臭氧（催化）氧化、芬顿氧化、电磁氧化、电化学氧化、电催化氧化、催化湿式氧化等］和吸附技术［包括活性炭（焦）吸附、树脂吸附等］。采用混凝沉淀或混凝沉淀-过滤技术处理生化处理系统二沉池出水，通过络合沉降和絮体吸附进一步将 COD 降至 100～150 mg/L，同时可改善废水浊度和色度，出水水质可满足洗煤、湿熄焦、高炉冲渣等要求。新型磁混凝技术是在常规混凝法的基础上融入磁性磁种，使非磁性污染物与磁种结合形成稳定絮体，在磁场作用下与水体分离，实现对污染物的去除。该技术不仅具有传统混凝法的优点，而且其处理效率更高、絮体更紧实、沉降速率更快，已被广泛应用于焦化废水处理中。为进一步降低混凝沉淀出水中的 COD，通常采用高级氧化技术、吸附技术或组合工艺技术。其中，电磁氧化技术通常与芬顿氧化技术和混凝沉淀技术联合使用，利用电磁波来改善反应条件和加快反应速度，从而高效去除难降解的 COD、多环芳烃、苯并[a]芘等；芬顿氧化技术也可用于生化处理前的预处理措施，设在隔油池、气浮池、调节池之后；采用吸附技术时，为确保出水水质稳定，应及时更换或再生吸附剂。

2.3.3　葡萄酒生产废水处理

葡萄酒的质量不仅与生产原料有关，在很大程度上还与生产加工工艺相关。葡萄酒的品类多种多样，不同品类需要不同的生产条件，因此或多或少会影响酒的质量。此外，葡萄酒在生产加工过程中还会受到环境和气候的影响。原料的质量、酿酒师的经验以及生产加工工艺都是决定葡萄酒质量的重要因素。

（1）主要酿造工艺

葡萄酒加工工艺相对比较简单，主要包括分选、破碎、发酵、静置、二次发酵、陈酿、灌装等单元。红葡萄酒和白葡萄酒的典型生产工艺流程及产污环节分别见图 2-16 和图 2-17。在红葡萄酒生产过程中，葡萄经除梗破碎后，葡萄汁进入发酵罐进行发酵，红葡萄酒的颜色来自果皮的色素。在白葡萄酒生产过程中，葡萄经除梗破碎后，通过气囊压榨使皮渣和葡萄汁分离，白葡萄汁进入发酵罐进行发酵。

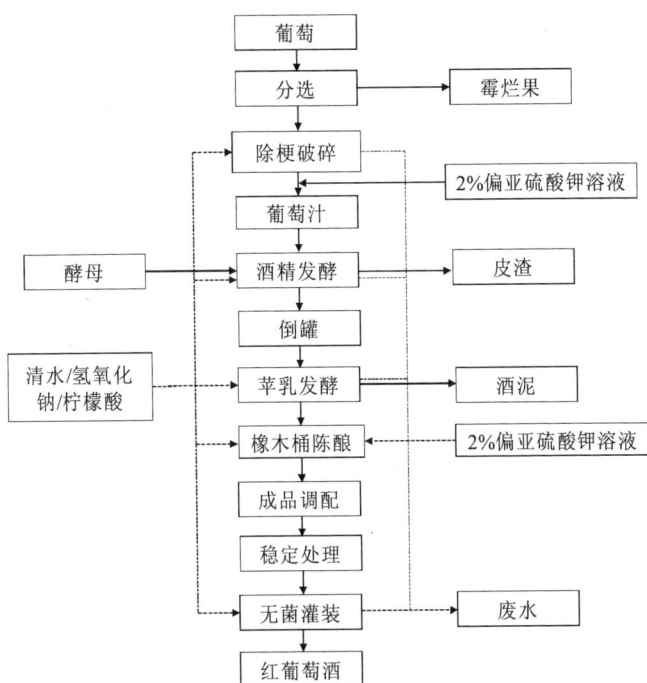

图 2-16　红葡萄酒典型生产工艺流程及产污环节

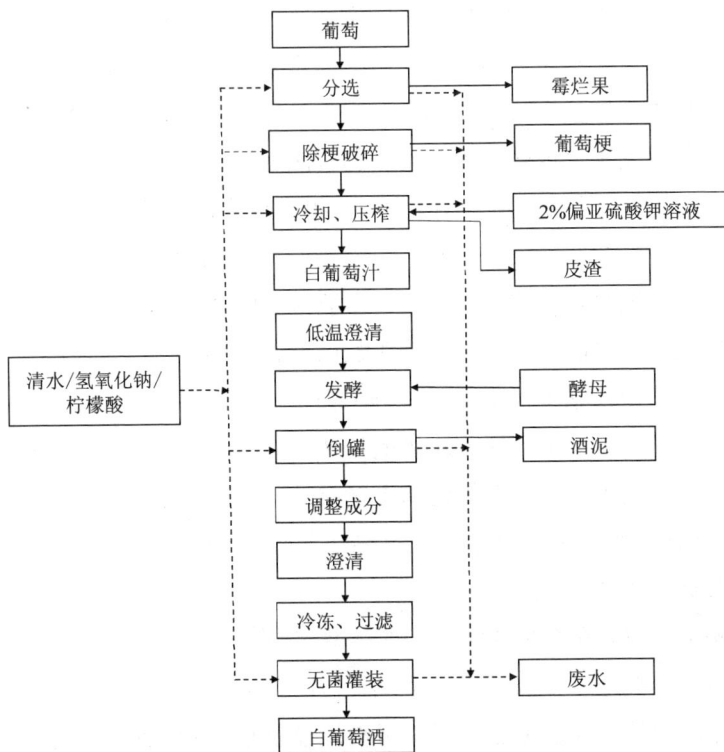

图 2-17　白葡萄酒典型生产工艺流程及产污环节

（2）葡萄酒生产废水典型处理工艺

葡萄酒生产废水典型处理工艺流程如图 2-18 所示。

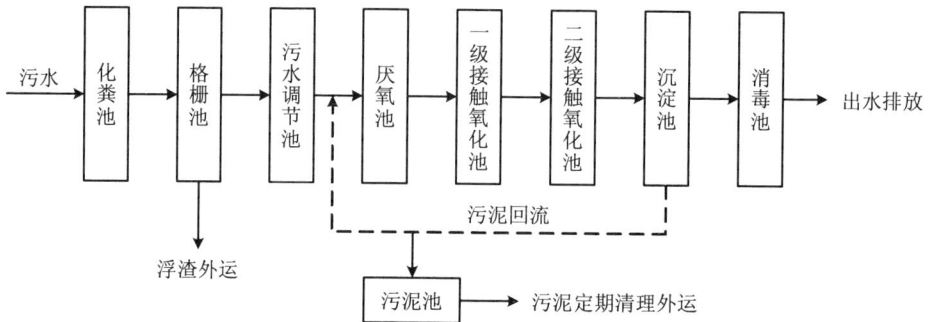

图 2-18　葡萄酒生产废水典型处理工艺流程

2.4　人工湿地处理工艺

2.4.1　人工湿地的类型及原理

　　人工湿地是在土地处理、稳定塘、生物滤池等污水处理技术的基础上发展起来的一种人工构建并控制的主要利用天然净化能力的污水处理技术，它利用了微生物、湿生植物、动物等一系列生物的代谢活动，综合了物理、化学、生物等复杂过程，从而降解污水中的污染物，使其无害化或转化为可利用的资源。一般由人工基质（一般碎石）和生长在其上的水生植物（如芦苇、香蒲等）组成，是一个独特的土壤（基质）-植物-微生物生态系统。

　　人工湿地在处理废水时，综合了物理、化学和生物 3 种作用机制。当湿地系统成熟后，填料表面和植物根系因大量微生物的生长而形成生物膜。废水流经生物膜时，大量的悬浮物被填料和植物根系阻挡截留，有机污染物则通过生物膜的吸收、同化及异化作用而被除去。湿地系统中因植物根系对氧的传递释放，使其周围环境中依次出现好氧、缺氧、厌氧状态，保证了废水中的氮、磷不仅能被植物和微生物作为营养吸收，而且可以通过硝化、反硝化作用被进一步去除。最终，当湿地系统更换填料或收割栽种植物时，这些污染物将被彻底从系统中除去。

　　人工湿地按水流方式可分为 3 种不同的类型。

　　（1）表面流人工湿地

　　表面流人工湿地结构如图 2-19 所示。污水以较慢速度从湿地表面流过，具备投资少、操作简单、运行费用低等优点，但占地大，水力负荷率小，净化能力有限，湿地中的氧气来源于水面扩散与植物根系传输，系统运行受气候影响大，夏季易滋生蚊子、苍蝇等。

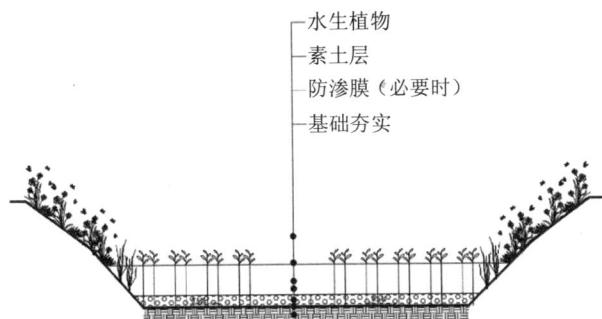

图 2-19　表面流人工湿地结构

（2）水平潜流人工湿地

水平潜流人工湿地结构如图 2-20 所示。污水从一端水平流过填料床，其由一个或多个填料床组成，床体填充基质，床底设防水层。由于水力负荷与污染负荷较大，这种湿地对 BOD_5、COD、SS 及重金属等污染物的处理效果好。氧气源于植物根系传输，少有恶臭与蚊蝇现象，但控制相对复杂，脱氮和除磷效果欠佳。

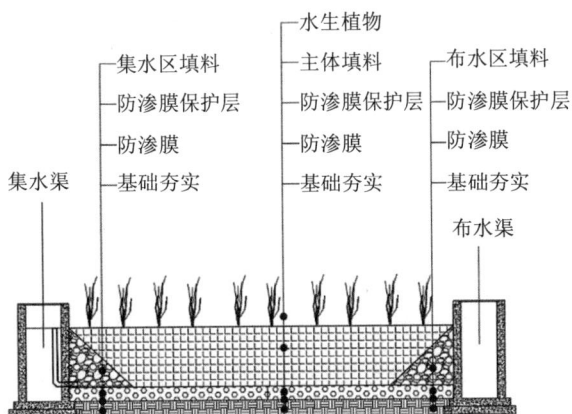

图 2-20　水平潜流人工湿地结构

（3）垂直潜流人工湿地

垂直潜流人工湿地结构如图 2-21 所示。污水从湿地表面纵向流向填料床底，床体处于不饱和状态，氧气通过大气扩散和植物传输进入湿地。硝化能力强，适用于处理氨氮含量高的污水，但处理有机物能力欠佳，控制复杂，落干/淹水时间长，夏季易滋生蚊蝇，在北方冬季容易结冰堵塞。

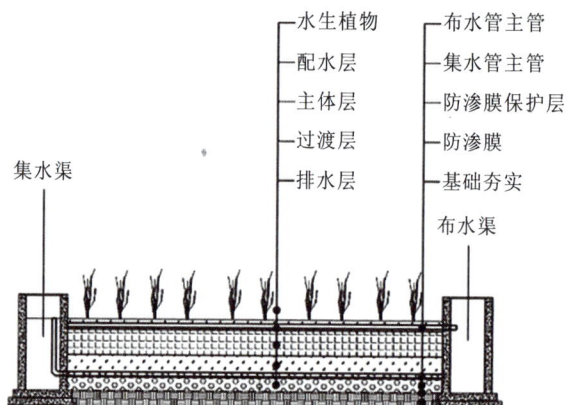

图 2-21　垂直潜流人工湿地结构

2.4.2　人工湿地的运行维护

（1）运行管理

人工湿地运行初期控制水位和水力负荷对植物生长非常重要。在相同的水力负荷下，植物生长状况良好的人工湿地污水处理效果明显高于植物生长状况差的人工湿地，污染物去除效率与植物生长的优劣呈正相关。

在潜流式人工湿地中，由于污水在地表以下潜流，表面相对干燥，植物系统的启动与管理初期需对植物的长势密切监控，尽早发现干旱、虫害等问题，以免造成植物系统启动与管理失败。

人工湿地植物的收割是日常管理的重要环节。当人工湿地中的植物生长到一定阶段，及时收割可以有效去除部分污染物。在特定季节或植物长满整个湿地床时，可进行植物收割，但收割时应根据不同湿地植物类型采取相应的收割方式。收获后的植物可进行资源化利用，如出售苗木、有机蔬菜等。部分植物的地上部分可用于厌氧发酵等。此外，在病虫害防治方面，人工湿地植物的管理采取预防为主、治疗为辅的原则。通过早期及时收割，可降低病虫害对植物的危害程度。

（2）分析监测

人工湿地应进行定期监测，其监测对象包括进出水、基质、植物等，监测内容涵盖处理水质、水量、基质和植物的各项理化及生物指标等。监测项目有水位、水温、电导率、溶解氧、pH、氧化还原电位、COD、BOD_5、总氮、氨氮、总磷、总固体悬浮物（TSS）、总细菌、粪大肠菌群等，取样频率根据分析项目不同而异，从每周 1 次至每月 1 次不等。人工湿地的监测可为人工湿地的操作和管理提供依据，从而判断人工湿地处理是否达标。除上述监测内容外，还包括定期观察和记录各工程设施（泵、管、渠、流量计等）的运行情况，以便调整运行工艺。而对植物的监测主要是为了监测植物营养元素、毒物及盐分的去除效果。分析项目包括植株生物量、总有机氮、总磷、重金属等。

（3）人工湿地冬季运行的强化措施

在冬季低温地区，冰冻现象较为常见。表面流人工湿地水流在表层流动，冬季水温降低导致微生物活性下降，表面的冰层也会使大气复氧能力下降，导致其运行效果不佳，因此表面流人工湿地不适合在冬季低温地区应用。潜流式人工湿地水流在地面以下通过，在水流和地表之间会形成具有保温功能的包气带，且蒸发和对流造成的热损失小，相较于表面流人工湿地而言，其在冬季低温地区使用更具优势，设计时应作为首选。潜流式人工湿地根据进水方式，分为水平潜流人工湿地和垂直潜流人工湿地。采用水平潜流与上升式复合垂直流运行方式，可充分利用植物的根系，改善水力流态，以及便于去除悬浮物，从而保证人工湿地在冬季低温地区运行。除此之外，人工湿地在选型时还可在湿地四周添加以生物质为原料的隔离层作为湿地的保温层或加建暖温棚。

2.5　水污染控制实习实践案例

2.5.1　城镇生活污水处理实习实践案例

城镇生活污水处理实习实践

（一）实习目的

➤ 掌握污水处理厂的进水水质特点、工艺流程、构筑物型式和工作原理；

➤ 熟悉污水处理厂进出水设计要求、生产运行管理方式、常规监测指标；

➤ 了解污水处理厂平面布置和高程布置原则。

（二）实习内容

（1）污水处理厂概况

宁夏某污水处理厂的服务面积为 14.67 km²，主要处理生活污水，处理厂工程总规模为 10 万 m³/d。该厂占地 196 亩①，场地地形较为平坦，室外地坪绝对标高 1111.7 m，进水管的位置在厂区西北角，管底绝对标高为 1103.7 m。污水经处理后，最终排入受纳水体。

污水处理厂设计进水水质见表 2-2。

---

① 1 亩≈666.67 m²。

表 2-2　设计进水水质

项目	BOD$_5$	COD	SS	NH$_3$-N	TP	TN	pH
进水水质	180	490	500	28	11	50	6～9

注：水温 $T \geqslant 10℃$，除 pH 外，其他指标单位为 mg/L。

　　污水处理厂出水水质执行《城镇污水处理厂污染物排放标准》(GB 18918—2002) 中的一级 A 标准，设计出水水质见表 2-3。

表 2-3　设计出水水质

项目	BOD$_5$	COD	SS	NH$_3$-N	TP	TN	pH
出水水质	≤10	≤50	≤10	≤5（8）	≤0.5	≤15	6～9

注：1. 除 pH 外，其他指标单位为 mg/L。

　　2. 括号外数值为水温＞12℃时的控制指标，括号内数值为水温≤12℃时的控制指标。

（2）污水处理工艺流程

该污水处理厂采用 SBR 处理工艺，流程如图 2-22 所示。

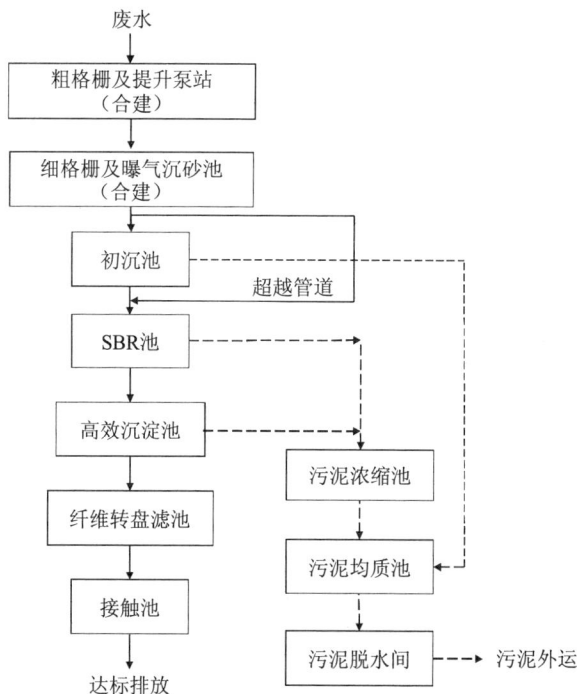

图 2-22　污水处理厂工艺流程

（三）实习过程

①通过污水处理厂技术人员的讲解，了解污水处理厂概况及工艺原理。

②参观污水处理厂的一级、二级、三级处理工艺构筑物和污泥处理系统等，熟悉污水和污泥处理流程，了解排放去向和排放要求。

③通过现场参观污水处理厂，熟悉污水处理厂的人员配备和常规检测指标。了解运维管理的技术要求和日常工作内容。

（四）思考题

①污水处理厂在平面和高程布置上有什么特点？

②格栅的作用是什么？

③曝气沉砂池的原理是什么？

④沉淀池的型式有哪些？

⑤SBR 工艺的特点有哪些？

⑥滗水器的工作原理是什么？

⑦污水处理厂消毒的方式有哪些？

2.5.2 工业废水处理实习实践案例

酒庄废水处理实习实践

（一）实习目的

➢ 通过对酒庄的实地考察，了解贺兰山东麓葡萄酒产区概况；

➢ 了解酒庄废水水质水量的季节性排放特征，掌握酒庄生产工艺及废水产生环节；

➢ 熟悉酒庄废水处理工艺及运行管理技术。

（二）实习内容

（1）贺兰山东麓葡萄酒产区概况

贺兰山东麓位于北纬 37°43′～39°23′，东经 105°45′～106°47′，是世界上公认适合酿酒葡萄栽培的地区（北纬 30°～45°）之一，地理区位优越。2003 年，贺兰山东麓成为继河北昌黎、山东烟台之后，第三个获得葡萄酒原产地保护认证的产区。

2011 年，宁夏启动贺兰山东麓葡萄文化长廊建设工程，2021 年 6 月 8 日，设立全国首个特色产业开放发展综合试验区。2021 年 7 月 10 日，在宁夏闽宁镇贺兰红酒庄会议中心，中国首家葡萄酒综合试验区——宁夏国家葡萄及葡萄酒产业开放发展综合试验区正式挂牌成立。

（2）废水废物产生环节

葡萄酒生产过程中产生的污染物有废水和废渣，其中废水主要为清洗废水，废渣主要为葡萄前处理、酿造过程中产生的葡萄梗、皮渣和酒泥等。葡萄酒生产过程中的产污环节及主要污染物指标见表 2-4。

表2-4 葡萄酒生产过程中的产污环节及主要污染物指标

种类	序号	产生部门	类别	主要污染物
废水	1	前处理设备及车间	清洗废水	COD、pH
	2	发酵罐	清洗废水	
	3	橡木桶（不锈钢储酒罐）	清洗废水	
	4	储酒罐	清洗废水	
	5	灌装设备及包装瓶	清洗废水	
废渣	1	前处理	固体废物	葡萄梗
	2	酒精发酵罐	固体废物	皮渣
	3	苹乳发酵罐	固体废物	酒泥

（3）废水处理工艺

该酒庄废水处理工艺流程如图2-23所示。

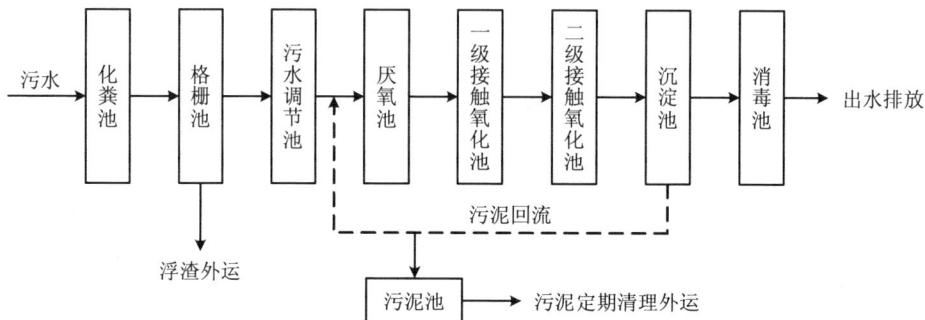

图2-23 酒庄废水处理工艺流程

（三）实习过程

①通过酒庄技术人员讲解，了解贺兰山东麓葡萄酒产业的发展现状及葡萄酒的生产过程。

②参观酒庄的发酵车间、灌装车间、酒窖等，了解酒庄废水的排放特征，分析葡萄酒各生产环节及产污环节。

③通过现场参观酒庄污水处理站，熟悉酒庄废水处理的工艺流程和采用的仪器设备等，了解运维管理的技术要求。

（四）思考题

①根据实习讲解，画出葡萄酒生产工艺流程并标出产物环节。

②贺兰山东麓酒庄废水的水质水量排放有哪些特征？

③酒庄的污水处理运维应注意哪些问题？

2.5.3　人工湿地处理实习实践案例

人工湿地处理实习实践

（一）实习目的

➢ 学习人工湿地的处理原理和作用；

➢ 掌握人工湿地处理工艺流程和设计参数；

➢ 了解人工湿地的运维管理技术。

（二）实习内容

（1）人工湿地概况

宁夏某人工湿地采用"水平潜流+表面流"人工湿地水质净化系统，总面积为 1280 亩（85.33 hm²），其中水平潜流湿地面积 298 亩（19.87 hm²），有效面积为 209.7 亩（13.98 hm²）；表面流湿地 630 亩（42 hm²），有效面积 407 亩（27.13 hm²）。设置 253 个处理单元，其中水平潜流人工湿地单元 233 个，表面流人工湿地单元 20 个。

项目建设后，形成了清水依城、绿树环堤、景观优美、特色鲜明的滨水景观。在滨河大道两侧形成了湖水相依、草长莺飞的湿地景观。这一项目将有效起到净化空气、调节小气候、净化水质、消尘减噪、美化并改善居民生活环境等作用，也提高了城市绿地覆盖率，极大提升了当地的生态环境质量，保障了黄河水质安全。

1）设计处理能力

本项目人工湿地主要用于处理某县第一污水处理厂处理后排放的尾水，设计处理规模为 7 万 m³/d。

2）设计水质

本项目人工湿地设计进水水质见表 2-5，设计出水水质见表 2-6。

表 2-5　设计进水水质

名称	COD	BOD$_5$	NH$_3$-N	TP	SS	pH
设计进水水质	≤50	≤10	≤8	≤0.5	≤10	6～9

注：除 pH 外，其他指标单位为 mg/L。

表 2-6　设计出水水质

名称	COD	BOD$_5$	NH$_3$-N	TP	SS	pH
设计出水水质	≤30	≤6	≤1.5	≤0.3	≤10	6～9

注：除 pH 外，其他指标单位为 mg/L。

（2）人工湿地处理工艺流程

1）工艺流程

人工湿地处理工艺流程如图 2-24 所示。

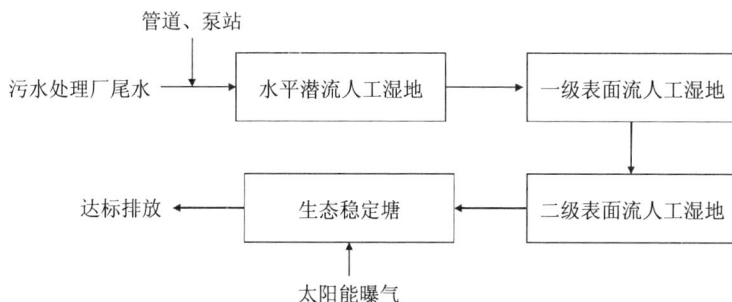

图 2-24　人工湿地处理工艺流程

污水处理厂的尾水通过输水管线送至水平潜流人工湿地，经过水平潜流人工湿地处理后，进入一级、二级表面流人工湿地进行处理，然后进入生态稳定塘进一步处理和蓄水，最终排入受纳水体。

2）主要设计参数

按照《人工湿地污水处理工程技术规范》（HJ 2005—2010），人工湿地的主要设计参数见表 2-7。

表 2-7　人工湿地的主要设计参数

人工湿地类型	BOD$_5$ 负荷/[kg/（hm^2·d）]	水力负荷/[m^3/（m^2·d）]	水力停留时间/d
表面流人工湿地	15～50	＜0.1	4～8
水平潜流人工湿地	80～120	＜0.5	1～3
垂直潜流人工湿地	80～120	＜1.0 （建议值：北方 0.2～0.5，南方 0.4～0.8）	1～3

（3）运行管理

1）水生植物的管理

植物生长期要及时拔除杂草，以保持水面清洁。为增强通风，需要剪除部分过密过弱枝，并及时剪除凋谢的花穗，以促进新花穗萌发。同时，应根据不同植物及其生长阶段对水量的需求，适时调整水位。对于繁殖能力较强的浮水、挺水草本植物，应及时分株。香蒲、芦苇要适时收割，香蒲收割时间一般在寒露到霜降期间。收割时应按多数植株假茎高度割下叶片，保留假茎。芦苇应在冬季根株完全休眠时收割，要求留桩低。

2）水质检测

日常需对人工湿地工程各系统的进出水进行检测，主要包括流量、水位、水温、DO、

pH、SS、BOD$_5$、COD、NH$_3$-N、硝酸盐、总磷等，应按国家相关标准和规定执行。各项指标检测为每月 1 次，由人工湿地管理部门取样送至专业检测机构进行检测。

3）冬季运行措施

冬季人工湿地植被管理：应根据植物不同生长期进行田间管理，补种缺苗、勤除杂草，及时控制病虫害以及植物收割；地表植被在入冬上冻前全部割除，就地平铺在基质表面作为保温措施，开春化冻后将其全部清走，以免腐烂后影响水质。

（三）实习过程

①通过湿地现场技术人员讲解，了解人工湿地原理和中干沟人工湿地建设概况。

②随工作人员现场参观人工湿地处理工艺流程，学习表面流和潜流人工湿地的型式差异和设计区别。

③通过提问互动，了解人工湿地日常运行管理事项，掌握运维管理的技术要求。

（四）思考题

①人工湿地有哪些类型？分别有什么特点？

②人工湿地的净化机理是什么？

③人工湿地的主要设计参数有哪些？

④人工湿地的运行维护需要注意哪些问题？

扫码查看
- AI环境科学智库
- 环境监测特训营
- 环评师养成课堂
- 环保法规研习所

第 3 章　大气污染控制实习实践

人类活动或自然过程排入大气的、对人和环境产生有害影响的物质称为大气污染物。大气具有一定的自净能力，可以通过稀释、扩散、氧化等物理化学过程，降低污染物浓度或将其清除，但当进入大气的污染物浓度超过大气自净能力时，会导致大气环境质量恶化，引起大气污染。根据存在状态可将大气污染物分为气溶胶态污染物和气态污染物两类。悬浮在气体介质中的固态或液态微小颗粒所组成的气体分散体系称为气溶胶，这些沉降速度可以忽略的固态、液态或固液混合颗粒称为气溶胶粒子。气态污染物是指常温常压下以分子状态存在的污染物，包括气体和蒸气，主要有硫氧化物、氮氧化物（NO_x）、碳氧化物、挥发性有机化合物等。

本章在介绍常用颗粒物、二氧化硫（SO_2）和 NO_x 等控制方法的基础上，通过实践教学，使学生了解燃煤电厂、生活垃圾焚烧发电厂的烟气净化方法，为课程设计和毕业设计打下良好基础。

3.1　颗粒物的控制方法

废气中颗粒物的控制是指从废气中分离捕集固态或液态颗粒，这种净化方法称为气体除尘，用到的装置是各种除尘器。根据除尘机理的不同，常用的除尘器可分为：①机械除尘器，包括重力沉降室、惯性除尘器和旋风除尘器等，该类除尘设备主要是利用重力、惯性力或离心力等使颗粒物与气流发生分离。②电除尘器，利用电场力的作用使颗粒物从气流中分离出来。③袋式除尘器，使含尘气流通过滤袋，将颗粒物截留在滤袋表面。④湿式除尘器，使含尘气体与水或其他液体接触，利用液滴（气泡、液膜等）与颗粒物的碰撞及其他作用捕集颗粒物。

各类除尘器在处理能力、除尘效率、动力消耗以及适宜颗粒物种类和粒径大小等方面存在差异，使用场合也有不同。燃煤电厂常用的除尘设施主要包括电除尘器、袋式除尘器、电袋复合除尘器。《生活垃圾处理技术指南》（建城〔2010〕61 号）规定烟气净化系统必须设置袋式除尘器。

3.1.1　电除尘器

（1）电除尘器的原理及特点

常用的电除尘器有管式和板式两大类，其工作原理基本相同，这里以管式电除尘器为例介绍其工作过程。图 3-1 为管式电除尘器的结构示意。金属管内壁为集尘极，置于圆管中心的金属线为电晕极，下端用吊锤加以固定。在工作时，在电晕极和集尘极之间施加直流高电压，在两极之间产生非匀强电场。假若电晕极为负极，其表面或附近的电子在电场力的作用下向集尘极运动，与气体分子发生碰撞使气体电离，结果产生大量自由电子和正离子，此过程即电晕放电。产生电晕放电的区域称为电晕区。在电晕区以外，由于电子运动速度相对较慢，当其与气体分子发生碰撞时没有足够的能量使其电离。如果含尘气体中含有 O_2、SO_2 等电负性气体，电子易于被这些气体捕获形成气体负离子，该负离子对保持稳定的空间电荷、避免火花放电具有重要的作用。

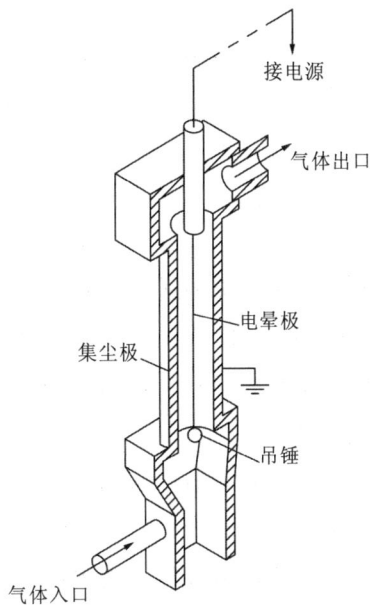

图 3-1　管式电除尘器结构示意

当含尘气流通过电场空间时，其中的尘粒与电子、气体负离子碰撞附着，从而使粒子荷电。荷电粒子在电场力的作用下向集尘极运动，并沉积在集尘极表面。与此同时，在电晕区产生的正离子也会与粒子碰撞，使其带正电向电晕极运动，在电晕极表面沉积。由于正离子向电晕极运动的路程较短，其与粒子碰撞的概率较电子及气体负离子与粒子碰撞的概率小，因此只有少部分尘粒会沉积在电晕极上。

当集尘极上沉积的粉尘较厚时，会造成火花电压降低，电晕电流减小。沉积在电晕极上的粉尘会影响电晕电流的大小和均匀性，因此电晕极和集尘极都需要及时清灰。常用的清灰方式有干式清灰和湿式清灰两种，干式清灰是通过机械振打、电磁振打等方式使电极振动，抖落清除电极上的粉尘；湿式清灰是使集尘板表面保持一层流动的水膜，尘粒沉降到水膜上，随水膜流走。

电除尘器具有多个显著优点，包括压力损失小，捕集效率高，能捕集 1 μm 以下的细微粉尘，处理气量大，以及能在高温、高湿或强腐蚀性气体条件下运行。然而，其存在设备庞大，投资费用高，以及对制造、安装、管理要求的技术水平高等不足之处，且其性能受粉尘比电阻的影响大。

（2）电除尘器的发展

随着排放标准的日益严格，针对传统电除尘存在的问题，发展出了旋转电极式电除尘器、低低温电除尘器、湿式电除尘器等除尘设备。

1）旋转电极式电除尘器

若粉尘比电阻过高，其到达集尘极后释放电荷的速度较慢，会残留部分电荷，粉尘层内会存在大量的电荷积累，这不但会影响后续粉尘的沉降，而且随着集尘量的增加，在粉尘层和集尘极之间会形成较大的电压差，造成粉尘层空隙中气体的电离，发生反电晕放电，影响电除尘器的正常运行。因此，常规电除尘器对高比电阻粉尘的去除较为困难。此外，当烟气流过除尘器时，会对集尘极表面已沉积的尘粒产生冲刷作用，引起二次扬尘。这些都会影响电除尘器的除尘效果和适用范围。

如图 3-2 所示，旋转电极式电除尘器的集尘板呈条带状，按平行于烟气流动的方向固定在链条上。链条在链轮的带动下进行转动，从而带动集尘板作回转运动。除尘器内集尘和清灰是分区完成的，在集尘区内烟气流入，其中的尘粒在电场力的作用下向集尘板运动并沉积在板的表面；在清灰区内设置有清灰刷，当集尘板旋转至清灰刷处，表面沉积的粉尘被清除。由于在清灰区没有烟气流动，被清除下来的尘粒受气流影响小，可最大限度地减少二次扬尘。另外，由于清灰及时，集尘板表面粉尘累积量有限，可有效解决高比电阻粉尘去除难的问题。

旋转电极结构复杂，制造和运行成本较高，因此，在电除尘器内部不是每个电场都设置旋转电极，一般只在最后一个电场使用旋转电极，其余电场使用固定电极。

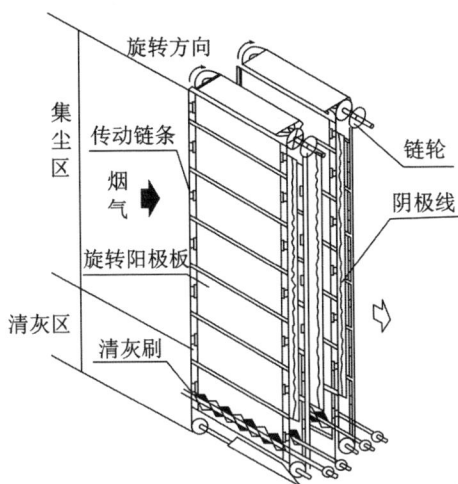

图 3-2　旋转电极式电除尘器结构示意

2）低低温电除尘器

低低温电除尘是将电除尘器入口烟气温度降低到酸露点以下，从而提高除尘器性能的技术。常见工艺是在空气预热器和电除尘器之间加设换热器，烟气温度由空气预热器出口的 120～160℃降低至换热器出口的 90℃左右，由于温度降低，粉尘的比电阻有所下降。同时，由于低低温电除尘器入口烟气温度处于酸露点以下，大部分 SO_3 冷凝形成硫酸雾，这些硫酸雾附着在尘粒表面可以大幅度降低粉尘的比电阻，缓解反电晕现象，使除尘效率有所提高。烟气温度的降低还可以使烟气流量减小，降低后续设备的规模，降低能耗；并能有效提高击穿电压，进而提高除尘效率。

3）湿式电除尘器

湿式电除尘器是利用水流冲刷的方式清除沉积的粉尘。该电除尘器可以改变电晕放电效果，使电晕放电能在较低的电压下进行；粒子表面吸附水或粒子与水滴结合，可增加导电性，降低粉尘的比电阻；水流的冲刷可有效防止二次扬尘。湿式电除尘器安装在脱硫设备后，能脱除烟尘以及湿法脱硫产生的次生颗粒物，并同时去除 SO_3、汞及其化合物。

3.1.2　袋式除尘器

袋式除尘器内部整齐排列着个数不等的滤袋，工作时，含尘气流通过滤袋，尘粒被截留并捕集于滤袋的表面，净化后的气体流入滤袋的另一侧，从排气口排出。袋式除尘器内真正起到滤尘作用的是粉尘初层，滤料只是为粉尘初层的形成提供了可依附的载体。随着滤袋表面粉尘层厚度的增加，滤袋两侧气体的压差不断增加，当达到一定值时，会使已经沉积下来的粉尘被压到滤袋的另一侧，使除尘效率下降，此时应对除尘器进行清灰。

袋式除尘器常用的清灰方式包括机械振打清灰、逆气流反吹清灰、脉冲喷吹清灰、气环反吹清灰等。可根据具体的使用条件加以确定。需要注意的是应合理控制清灰程度，防止过度清灰造成粉尘初层的破坏，从而导致刚开始滤尘时除尘效率明显下降。

袋式除尘器的除尘效率高，对大于 0.2 μm 的尘粒，捕集效率一般在 99% 以上；附属设备相对较少，技术要求没有电除尘器高；能捕集电除尘器难以处理的高比电阻粉尘。由于受滤袋耐温性和耐腐蚀性的限制，袋式除尘器不适用于处理高温、强腐蚀性的气体；当烟气温度低于露点温度时，水汽凝结会使滤袋堵塞，因此袋式除尘器不适用于处理高湿、含有强黏结性和强吸湿性粉尘的烟气。此外，烟气中的尘粒对滤袋具有磨损作用，频繁清灰也会导致滤袋寿命降低，造成滤袋消耗量大，因此袋式除尘器的粉尘进口浓度不能过高。

3.1.3　电袋复合除尘器

电袋复合除尘器是将电除尘器和袋式除尘器组合使用的一种高效除尘设备，一般采用串联式和嵌入式两种组合方式。串联式的结构在除尘器内分前、后两个区域，前段是电除尘区，后段是袋式除尘区。含尘烟气首先进入电除尘区，荷电粒子在电场力的作用下沉积在集尘极上。没有被捕集的粒子随气流进入袋式除尘区，在筛分、惯性碰撞、拦截、扩散、静电等作用下附着在滤袋表面，实现尘粒与气流的分离。嵌入式电袋复合除尘器的电晕极、集尘极与滤袋呈交错分布。

3.2　二氧化硫的控制方法

3.2.1　二氧化硫控制技术概述

控制燃料燃烧产生的 SO_2 的方法包括燃烧前脱硫、燃烧中脱硫和燃烧后脱硫。燃烧前脱硫是在燃料还没有使用前就脱除其中的硫，以减少燃烧过程 SO_2 的产生量。常见的方法有物理选煤、化学选煤、煤炭的气化和液化等。燃烧中脱硫是在燃烧过程中，向锅炉内投入脱硫剂（$CaCO_3$ 等），使燃烧中产生的 SO_2 反应生成相应的硫酸盐。例如，当以 $CaCO_3$ 为脱硫剂时，首先，在高温环境中 $CaCO_3$ 遇热发生煅烧分解，产生 CO_2 和多孔的 CaO；其次，CaO 与 SO_2 反应生成 $CaSO_4$。在燃烧后脱硫中，对高浓度 SO_2 废气一般采用氧化制酸的方法进行处理，对低浓度 SO_2 控制是利用一定方法对烟气进行处理以减少 SO_2 排放，即烟气脱硫（flue gas desulfurization，FGD）。根据脱硫剂和脱硫产物的状态，可将烟气脱硫分为湿法、干法和半干法。湿法是利用碱性吸收液或含催化剂粒子的溶液，吸收烟气中的 SO$_2$,产物为湿物料。干法是利用固体吸附剂或催化剂在不降低烟气温度和不增加湿度的条件下,去除烟气中的 SO$_2$,产物为干物料。半干法介于二者之间,脱硫剂为湿物料,产物为干物料。

3.2.2　石灰石(石灰)-石膏湿法烟气脱硫技术

(1)烟气脱硫工艺

石灰石(石灰)-石膏湿法烟气脱硫技术是目前发展最成熟、应用最广泛的一种烟气脱硫工艺,具有脱硫效率高、运行稳定、吸收剂价廉易得、能适应大容量机组和高浓度二氧化硫烟气、副产品可综合利用等特点。该工艺采用石灰石(石灰)作为吸收剂,在吸收塔内,浆液与烟气接触,烟气中的 SO$_2$ 与其中的碳酸钙(或氧化钙)发生反应,生成亚硫酸钙。亚硫酸钙随后进一步被氧化为硫酸钙,当硫酸钙达到一定饱和度后,会结晶形成二水硫酸钙,即石膏。烟气中的 HCl、HF 等也会与浆液反应生成氯化钙和氟化钙。

石灰石(石灰)-石膏湿法烟气脱硫装置包括吸收剂制备系统、烟气系统、吸收系统、脱水系统、工艺水系统、脱硫废水处理系统等。

1)吸收剂制备系统

在资源落实的条件下,优先选择石灰石作为吸收剂。将粒径≤20 mm 的石灰石块送入石灰石料仓;石灰石块从料仓由给料机送入湿式球磨机与工艺水混合制成粗浆液后,进入浆液循环箱由浆液循环泵送入浆液旋流站,经旋流站分离得到符合要求的浆液流入石灰石浆液箱储存,含粗颗粒较多的、不符合要求的浆液从底部回流至湿式球磨机重新磨制。最终石灰石浆液箱中的浆液被送入吸收塔作进一步处理。

2)烟气系统

锅炉烟气经风机增压后进入烟气换热器,在此冷却后送入吸收塔,从吸收塔出来的净化后的烟气经换热器升高温度后,通过烟囱排放到大气中。

3)吸收系统

吸收系统的核心设备是吸收塔,其中喷淋塔是目前应用较为广泛的一种。喷淋塔的上部设有喷淋层,由喷淋主管、喷淋支管、喷头及支撑件组成。为满足喷淋效果,一般设置 3~5 层喷淋层,各层喷淋管交错分布,使烟气能与浆液充分接触。烟气由吸收塔入口从浆液池上部进入吸收区,自下而上流动,与喷淋而下的浆液液滴接触后,烟气中的 SO$_2$ 进入液相,反应生成亚硫酸钙,而吸收了 SO$_2$ 后的浆液进入浆液池。在浆液池中,通过利用氧化风机向池中注入空气,将亚硫酸钙氧化为硫酸钙。浆液池中生成的石膏被送至脱水系统,浆液由浆液循环泵送入喷淋系统。经净化后的烟气中会携带部分浆液液滴,若不去除则会对后续设备产生腐蚀,因此脱硫烟气需经过除雾器去除雾滴后从吸收塔出口排出。吸收系统工艺流程见图 3-3。

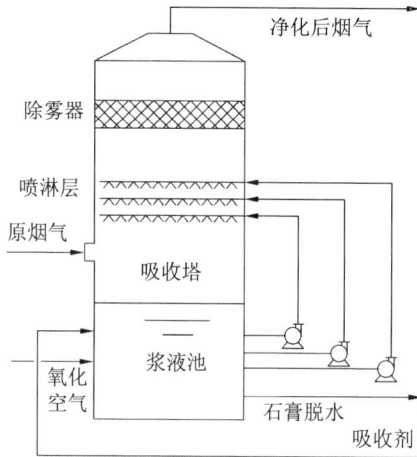

图 3-3 吸收系统工艺流程

4）脱水系统

脱水系统主要由石膏旋流器、石膏溢流箱、真空皮带脱水机等组成。从吸收塔排出的石膏浆液经石膏排出泵被输送至石膏旋流器。浆液沿切线方向进入旋流器，形成旋转向下的运动，其中，粒径大（密度大）的颗粒受到的离心力大，开始向旋流器内壁运动，并进入锥体部分，后经底部离开旋流器，此部分以粒径大（密度大）的颗粒为主的浓相浆液称为底流；粒径小（密度小）的颗粒通过中心筒从上部离开旋流器，此部分含有粒径小（密度小）颗粒的稀相浆液称为溢流。从旋流器出来的溢流进入石膏溢流箱，大部分返回至吸收塔，小部分进入废水旋流器进一步进行液固分离，底流返回石膏溢流箱，溢流液体作为废水进行后续处理。

从石膏旋流器分离出来的底流被送入真空皮带脱水机，采用真空泵通过滤布抽出浆液中的液体，固体颗粒留在滤布表面形成滤饼。经过两级脱水过程，得到含水率低于10%的脱硫石膏，最终由皮带输送机送至石膏仓库。石膏脱水工艺流程见图3-4。

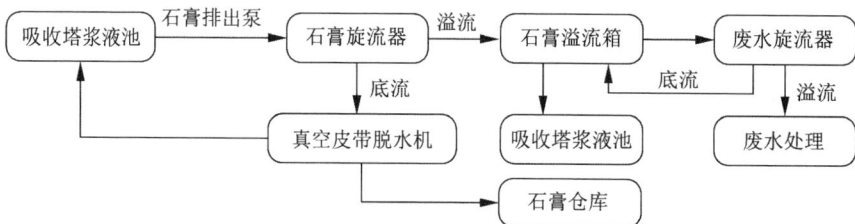

图 3-4 石膏脱水工艺流程

5）工艺水系统

工艺水主要用于脱硫系统的补水、冲洗、冷却等，包括吸收塔除雾器冲洗水、氧化空气冷却水、吸收塔补水、真空皮带脱水机用水、石灰石浆液制备用水、管道冲洗水等。

6）脱硫废水处理系统

脱硫系统中的浆液在不断的循环过程中，会使氯离子、金属离子和细颗粒物等有害成分发生富集，这些有害成分一方面会对脱硫设备产生腐蚀，另一方面会影响石膏的品质。为使浆液中的有害成分维持在适当浓度，需要从脱硫系统中引出一定量的废水。这部分废水排放前，需进行处理。脱硫废水处理系统可以单独设置，也可以经预处理去除重金属、氯离子等后送入电厂废水处理系统进行处理。

（2）改进技术

为了达到排放标准，真正做到超低排放，燃煤电厂石灰石-石膏湿法烟气脱硫在传统工艺基础上进行了一系列的改进。

1）吸收塔托盘技术

在逆流喷淋塔的基础上，在吸收塔雾化喷嘴下部增设一块或多块穿流孔板托盘，托盘布置在吸收塔整个横断面上，开孔率约为 35%～40%，开孔直径为 30～40 mm。在吸收塔运行时，烟气从吸收塔入口端进入并向上流动，浆液从上方喷淋下来，在托盘上形成一定厚度的积液，这样可以增加气液接触时间。烟气与积液接触时，烟气中的尘粒、二氧化硫等污染物会进入积液而被捕集，可在降低气液比的同时获得较高的脱硫效率。烟气经过托盘后分布更加均匀，并且流经托盘小孔时产生的节流喷射作用可提高喷淋区烟气的湍流度，提高气液传质速率。

2）旋汇耦合脱硫技术

如图 3-5 所示，通过旋汇耦合脱硫装置制造气液旋转翻腾的湍流空间，使气液固充分接触，降低气液膜传质阻力，提高脱硫效率。

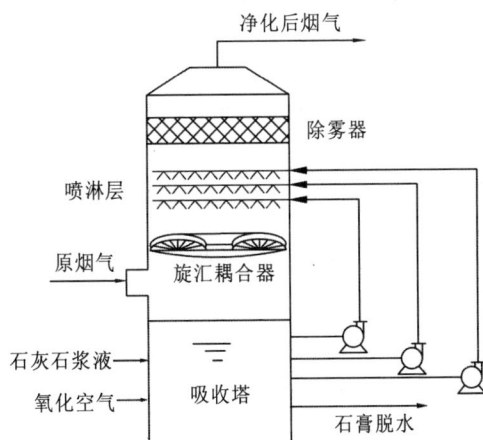

图 3-5　旋汇耦合脱硫装置

3）单塔双循环脱硫技术

浆液pH对石灰石—石膏湿法烟气脱硫中SO_2的吸收和亚硫酸钙的氧化有着不同的影响。pH 较低时，有利于亚硫酸钙氧化为硫酸钙，但 pH 的降低会抑制 SO_2 的吸收，进而造成脱硫效率下降。此外，过低的 pH 还会加剧脱硫设备的腐蚀。增加 pH 有利于 SO_2 的吸收，但 pH 过高会导致吸收塔内部大量结垢和管道堵塞。因此，控制合适的 pH 对提高脱硫效率十分重要。

单塔双循环脱硫技术通过在吸收塔内设置集液斗，将吸收塔分为两个区域。如图 3-6 所示，上部为高 pH 区，pH 为 5.8～6.4，有利于 SO_2 的吸收；下部为低 pH 区，pH 为 4.6～5.0，有利于亚硫酸钙的氧化结晶。两个区域分别设置独立的浆液池、喷淋层、循环泵，在同一塔内实现双区运行。

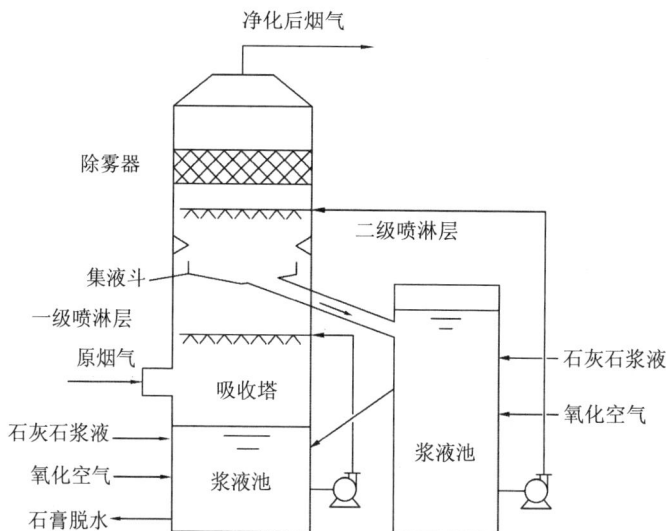

图 3-6　单塔双循环脱硫技术装置

4）双塔双循环脱硫技术

如图 3-7 所示，双塔双循环脱硫技术是将两级吸收塔串联使用，两个吸收塔中各自设置有喷淋层、氧化空气分布系统、浆液池。烟气首先进入一级吸收塔，一级吸收塔内浆液的 pH 较低，以保证亚硫酸钙的氧化结晶；经一级吸收塔净化后的烟气进入二级吸收塔，该塔内 pH 较高，以保证较高的脱硫效率。

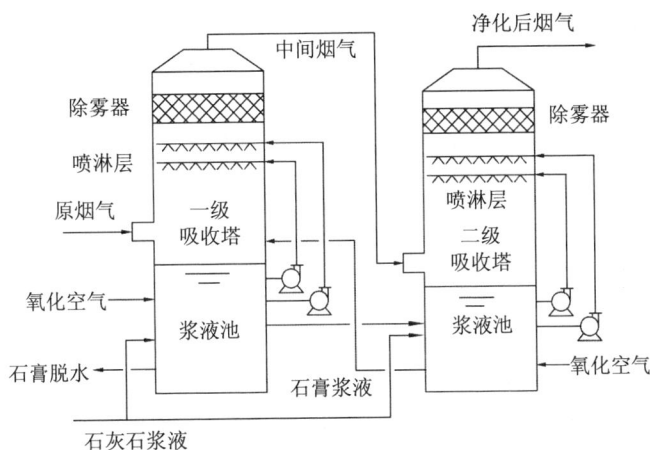

图 3-7　双塔双循环脱硫技术装置

3.2.3　氨法烟气脱硫技术

氨法烟气脱硫技术有很多其他工艺所没有的优势。钙基吸收剂吸收 SO_2 属于气固反应，反应速率慢、吸收剂利用率低、设备庞大、系统复杂、能耗高；氨吸收 SO_2 属于气液反应或气气反应，反应速率快，吸收剂利用率高、工艺相对简单、设备体积小、能耗低。

氨法烟气脱硫是用氨水吸收烟气中的 SO_2，其基本反应方程如式（3-1）～式（3-3）所示：

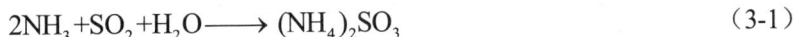

$$2NH_3 + SO_2 + H_2O \longrightarrow (NH_4)_2SO_3 \tag{3-1}$$

$$(NH_4)_2SO_3 + SO_2 + H_2O \longrightarrow 2NH_4HSO_3 \tag{3-2}$$

$$NH_4HSO_3 + NH_3 \longrightarrow (NH_4)_2SO_3 \tag{3-3}$$

其中，式（3-1）和式（3-2）为氨法烟气脱硫中的吸收反应。工程应用中的吸收过程主要是以 $(NH_4)_2SO_3$-NH_4HSO_3 混合溶液作为吸收液。$(NH_4)_2SO_3$ 对 SO_2 具有良好的吸收能力，起主要的吸收作用。随着反应的进行，NH_4HSO_3 浓度不断增加，吸收液的吸收能力有所下降，需要补充氨，使部分 NH_4HSO_3 转变为 $(NH_4)_2SO_3$，如式（3-3）所示。NH_4HSO_3 含量高的溶液从吸收系统中引出，进行后续处理。

吸收 SO_2 后的吸收液可通过不同的方法进行处理，其中比较成熟的有氨-酸法、氨-亚硫酸铵法和氨-硫铵法等。氨-酸法是将吸收后的吸收液用酸（硫酸、硝酸、磷酸）来分解，得到副产品 SO_2 和化肥。氨-亚硫酸铵法是将吸收 SO_2 后的母液加工成产品。氨-硫铵法是将吸收液中的 $(NH_4)_2SO_3$ 氧化为 $(NH_4)_2SO_4$，形成可用作肥料的脱硫副产品。

3.2.4　喷雾干燥法烟气脱硫技术

喷雾干燥法烟气脱硫技术是将 CaO 制成 Ca（OH）$_2$ 浆液，经雾化后喷入喷雾干燥塔，与烟气接触，烟气中的 SO$_2$ 与吸收剂反应，从而被吸收；与此同时，浆液雾滴中的水分蒸发，形成固体粉状脱硫废物，其中主要含有亚硫酸钙、硫酸钙、飞灰、未反应的氧化钙等。粒径较大的部分在重力等作用下，从喷雾干燥塔底部沉降排出；粒径较小的固体废物，经后续除尘装置捕集，从烟气中去除。

3.2.5　循环流化床烟气脱硫技术

循环流化床烟气脱硫技术利用循环流化床反应器，使脱硫剂呈流态化，在反应器内与烟气充分接触，以吸收烟气中的 SO$_2$。脱硫后的烟气中含有大量固体颗粒，其中一部分是未反应的脱硫剂，通过脱硫剂再循环除尘器将烟气中的大部分颗粒捕集后返回至反应器循环使用。因此，固体物料在反应器中停留时间较长，可以达到 30 min 以上，延长了脱硫剂与烟气的接触时间，提高了脱硫剂的利用率和脱硫效率。

3.2.6　炉内喷钙烟气脱硫技术

炉内喷钙烟气脱硫技术可分为两个阶段。首先，CaCO$_3$ 粉被喷入炉膛上部温度为 900～1250℃的区域，CaCO$_3$ 受热分解为 CaO 和 CO$_2$，CaO 与 SO$_2$ 反应生成 CaSO$_3$，进而氧化为 CaSO$_4$。其次，反应产物、未反应的 CaO 及飞灰一起进入活化器，并在活化器内喷水增湿，使 CaO 生成活性更高的 Ca(OH)$_2$，继续与 SO$_2$ 反应。

3.2.7　管道喷射脱硫技术

管道喷射脱硫技术是在除尘器进口烟道喷入脱硫剂，利用烟道作为反应器进行脱硫，具有操作简单、占地面积小、投资较低等特点。

3.3　氮氧化物的控制方法

3.3.1　氮氧化物控制技术概述

人类活动是产生 NO$_x$ 的重要来源之一，而在人为排放的 NO$_x$ 中，90%以上来自燃料燃烧。燃烧过程中生成的 NO$_x$ 可以分为三类，即热力型 NO$_x$、燃料型 NO$_x$ 和瞬时型 NO$_x$。热力型 NO$_x$ 是空气中的氮和氧反应生成的 NO$_x$，炉膛内的燃烧温度和氧浓度都会影响热力型 NO$_x$ 的生成。研究显示，当炉膛温度低于 1500℃时，热力型 NO$_x$ 的生成量很少；温度高于 1500℃时，热力型 NO_x 的生成量明显增加。此外，燃烧区氧浓度的增加也会导致热力型 NO_x 的增加。因此，可以通过调整燃烧温度和氧浓度来减少热力型 NO_x 的生成。燃料型 NO_x 是燃料中含氮化合物在燃烧过程中氧化生成的。瞬时型 NO_x 是空气中的 N_2 与燃料中的碳氢离子团反应生成的。对于煤、重油和其他高氮燃料，燃料型 NO_x 的生成是主要的，其次为热力型 NO_x，而瞬时型 NO_x 生成量很少，可忽略不计。对于含氮量较低的燃料（天然气），燃烧产生的 NO_x 以热力型 NO_x 为主，瞬时型 NO_x 也占一定比例。

固定源 NO_x 污染控制的方法主要有两类：一是通过调整燃烧条件，减少燃烧过程中 NO_x 的产生，即低 NO_x 燃烧；二是对含有 NO_x 的烟气进行净化，即烟气脱硝。目前烟气脱硝的方法主要有以下几种：①还原法，包括选择性催化还原法（selective catalytic reduction，SCR）和选择性非催化还原法（selective noncatalytic reduction，SNCR），即在有催化剂和无催化剂的情况下，将 NO_x 还原为 N_2。②吸收法，利用水、碱溶液、稀硝酸、浓硫酸等吸收 NO_x。③吸附法，采用分子筛、活性炭、硅胶等多孔固体吸附 NO_x，从而将其从烟气中脱除。在燃煤电厂和生活垃圾焚烧发电厂烟气脱硝中应用最为广泛的是 SCR 和 SNCR（配合低 NO_x 燃烧技术）。

3.3.2 低氮氧化物燃烧技术

（1）空气分级燃烧技术

空气分级燃烧技术是将锅炉分为两个区域，即下部的主燃区和上部的燃尽区，空气是分级送入锅炉的。首先，在主燃区内送入燃料和部分空气，由于不完全燃烧，烟气温度较低，加之氧量不足，NO_x 生成量较小。在燃尽区送入剩余空气，使上一阶段未完全燃烧的燃料充分燃烧，由于此时火焰温度较低，NO_x 生成受到抑制。

（2）烟气循环燃烧技术

将燃烧产生的部分烟气经过冷却后重新送回锅炉，以达到通过降低氧浓度和降低燃烧温度，从而抑制 NO_x 生成的目的。

（3）再燃技术

再燃技术中燃料和空气都是分级送入锅炉的，该技术将锅炉分为 3 个区域，自下而上依次为主燃区、再燃区、燃尽区。在主燃区投入 80%～90%的燃料，此时过剩空气系数大于 1，燃料燃烧会生成大量 NO_x。之后，主燃区产生的高温烟气向上进入再燃区，在再燃区内送入剩余燃料，保持富燃料燃烧条件，形成还原性气氛，将烟气中的 NO_x 还原为 N_2。最后，烟气进入燃尽区，在该区域送入燃尽风，使烟气中携带的未燃尽的燃料和燃烧的中间产物进一步燃烧完全。

（4）浓淡燃烧技术

对于装有两个及以上燃烧器的锅炉，使某些燃烧器供应较多的空气，从而形成贫燃区；对于某些燃烧器供应较少的空气，从而形成富燃区。在贫燃区，燃烧温度较低；在富燃区，空气量较少，都能减少 NO_x 的生成。

3.3.3 选择性催化还原法

SCR 是目前最成熟、工程应用最多的一种烟气脱硝工艺，该方法以液氨、氨水、尿素等为还原剂，在催化剂的作用下将 NO_x 还原为氮气和水。

SCR 脱硝系统由还原剂供应系统、SCR 反应器、喷氨系统和控制系统等组成，见图 3-8。还原剂供应系统主要用于提供反应所需的氨气，当以液氨为还原剂时，液氨从液氨槽车送入液氨储罐后，进入氨蒸发器内被蒸发为氨气，而后与空气混合（氨气体积浓度不大于 5%），通过布置在烟道中的喷嘴将混合气喷入烟气中，与烟气充分混合后进入 SCR 反应器。SCR 反应器具有外部壳体和内部催化剂床层结构，常设置多层催化剂床层。由于 SCR 反应器常布置于除尘装置之前，烟气中烟尘含量高，容易在反应器内形成积灰，影响催化剂的活性和寿命，因此在反应器内还应设置吹灰系统。经脱硝处理后的烟气进入后续净化设备。

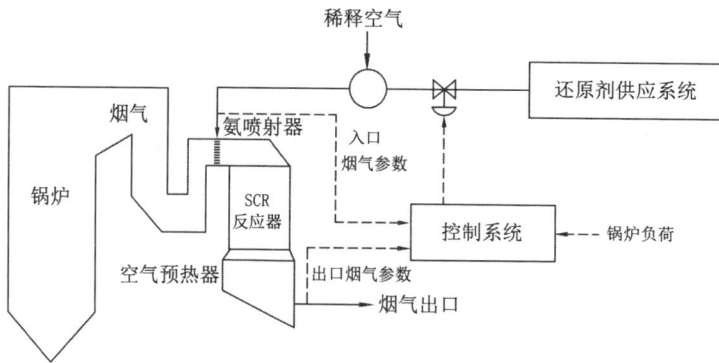

图 3-8 SCR 脱硝系统

当以尿素为还原剂时，需要通过水解或热解的方法得到氨气，前者称为水解制氨，后者称为热解制氨。尿素水解制氨包括 3 个步骤，即溶解尿素、储存溶液和加热制氨。首先，尿素颗粒和水在溶解罐内配置成一定浓度的尿素溶液；其次，尿素溶液被送至溶液储罐进行储存，之后将尿素溶液送至水解器，由蒸汽加热，从而产生氨气、二氧化碳和水蒸气，供脱硝反应使用。热解制氨的前两个步骤与水解制氨相同，区别在于加热制氨过程，热解制氨是将尿素溶液通过喷嘴喷入热解炉内，瞬间反应生成氨气、二氧化碳和水蒸气。当以氨水为还原剂时，将 20%~30% 的氨水溶液，通过加热设备使其蒸发，产生氨气和水蒸气。

3.3.4　选择性非催化还原法

SNCR 是在锅炉内完成脱硝反应的，将含有氨基的还原剂喷入炉膛内温度为 900～1100℃的区域，在没有催化剂的情况下，还原剂与烟气中的 NO_x 反应生成氮气和水。常用的还原剂有氨水、尿素等。

3.3.5　SNCR-SCR 联合脱硝技术

SNCR-SCR 联合脱硝技术是将 SNCR 与 SCR 组合使用，在炉膛上部的高温区采用 SNCR 脱除部分 NO_x，在锅炉外采用 SCR 进一步脱除烟气中 NO_x。

3.4　其他污染物的控制方法

生活垃圾焚烧过程中产生的焚烧烟气中还含有重金属和二噁英等污染物，必须采取措施予以控制。

3.4.1　重金属

垃圾焚烧烟气中的重金属部分以固态颗粒的形式存在，也有一部分挥发为气体，一般温度越高，挥发的量越大，因此可以通过降低烟气温度，来减少重金属的挥发。在袋式除尘器入口烟道上喷入活性炭，活性炭与烟气中的颗粒物等会附着在滤袋表面，活性炭内部具有大量的孔隙，可有效吸附烟气中的重金属。

3.4.2　二噁英

二噁英包括多氯二苯并对二噁英和多氯二苯并呋喃，具有致癌性、内分泌毒性、生殖毒性，且会抑制免疫功能。

垃圾焚烧过程中，为了防止燃烧不完全导致二噁英排放，应控制炉膛烟气温度不低于 850℃，烟气的停留时间不小于 2s；因为温度在 200～500℃时，在催化剂存在的情况下，已分解的二噁英会再次生成，所以应减少烟气在降温环节的停留时间；活性炭除对重金属具有吸附能力，对二噁英也有较好的吸附效果。此外，SCR 在去除 NO_x 的同时，对二噁英也有一定的去除作用。

3.5 大气污染控制实习实践案例

3.5.1 燃煤电厂实习实践案例

燃煤电厂实习实践

（一）实习目的

➤ 通过实地参观学习，了解电厂燃料的种类、来源及使用量；

➤ 了解燃煤电厂的生产工艺原理，熟悉燃烧系统、汽水系统和电气系统的工艺流程，增强对锅炉、汽轮机等设备的组成及结构的认识；

➤ 熟悉电厂常用的除尘、脱硫、脱硝方法以及相关设备的工作原理，掌握电厂烟气净化的技术路线，能将理论知识与具体实践相结合。

（二）实习内容

（1）燃煤电厂生产过程

燃煤电厂生产过程实际上是能量转换的过程。首先，燃料在锅炉内燃烧，产生的热量将水加热成高温高压蒸气，这一过程中燃料的化学能转换为蒸汽的热能；其次，蒸汽在汽轮机中做功，推动汽轮机转子转动，蒸汽的热能转换为转子的机械能；最后，在发电机中，将机械能转换为电能，送入电网。整个生产系统包括燃烧系统、汽水系统和电气系统三大部分。燃煤电厂生产过程见图 3-9。

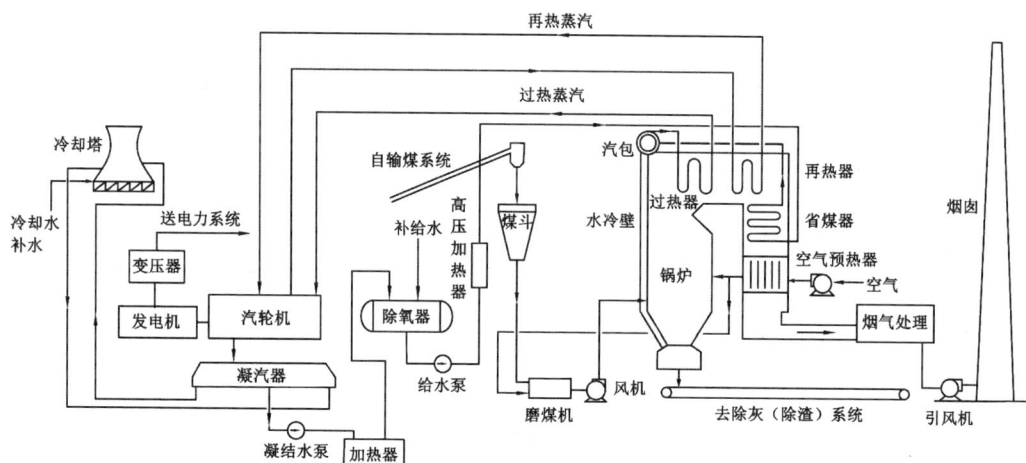

图 3-9　燃煤电厂生产过程

（2）燃煤电厂烟气净化技术路线

如图 3-10 所示，燃煤电厂烟气净化采用"低氮燃烧+SCR 反应器+电除尘器+石灰石-石膏湿法脱硫+湿式电除尘器"的技术路线。

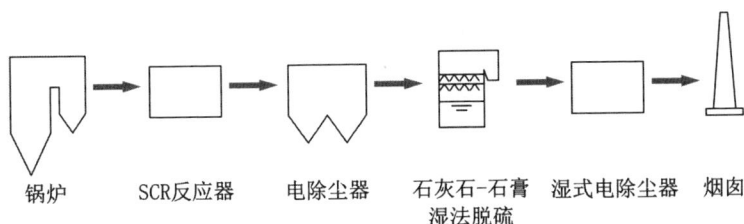

|锅炉|SCR反应器|电除尘器|石灰石-石膏湿法脱硫|湿式电除尘器|烟囱|

图 3-10　燃煤电厂烟气净化技术路线

（三）实习过程

①通过查阅相关文献、资料，明确实习目的及要求，初步了解燃煤电厂的生产过程及常用的烟气净化技术。

②参观过程中，了解电厂的基本情况，燃料来源、种类及数量，各大系统的工作过程，以及主要烟气净化设备的结构、原理和关键参数等。

③通过与技术人员交流，了解燃煤电厂烟气净化装置运行中存在的问题及解决方法。

（四）思考题

①简述脱硫吸收塔的结构类型及特点。

②在石灰石-石膏湿法烟气脱硫中，向吸收塔底部浆液池中注入空气的目的是什么？

③简述湿式电除尘器的主要结构及技术特点。

3.5.2　生活垃圾焚烧发电厂实习实践案例

生活垃圾焚烧发电厂实习实践

（一）实习目的

➤ 通过实地参观学习，了解生活垃圾的组成及垃圾焚烧发电原理，熟悉垃圾储运系统、焚烧系统、热力系统和发电系统的工艺流程；

➤ 了解生活垃圾焚烧发电过程中的产污环节及所产生的污染物种类；

➤ 熟悉生活垃圾焚烧发电常用的烟气处理技术以及相关设备的工作原理，做到理论联系实际。

（二）实习内容

（1）生活垃圾焚烧发电厂生产过程

生活垃圾焚烧发电厂生产过程如图 3-11 所示，垃圾由专门的运输车送至生活垃圾焚烧发电厂，经称重后进入卸料大厅，将垃圾卸入垃圾池，经堆放发酵后送入给料斗后进入焚烧炉，在焚烧炉内进行燃烧。燃烧过程中产生的热量通过余热锅炉受热面吸收产生蒸汽。蒸汽与水的混合物进入汽包进行汽水分离，饱和蒸汽经过过热器形成过热蒸汽，进入汽轮机，推动叶片转动，汽轮机带动发电机产生电流。整个过程包括垃圾储运系统、焚烧系统、热力系统和发电系统。

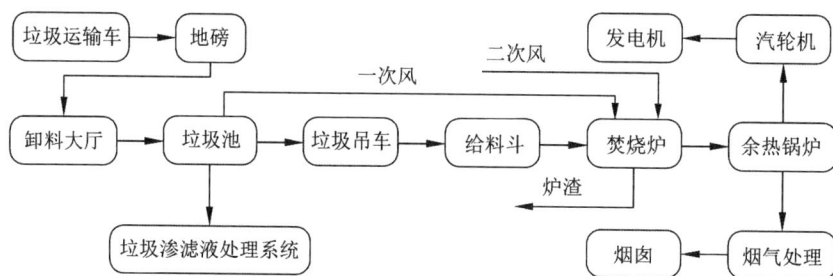

图 3-11　生活垃圾焚烧发电厂生产过程

（2）烟气净化技术路线

如图 3-12 所示，实际应用中可采用"SNCR+半干法反应器（半干法脱酸）+活性炭喷入+熟石灰喷入（干法脱酸）+袋式除尘器"的烟气净化技术路线。在焚烧炉内采用 SNCR 法脱硝，从余热锅炉出来的烟气先经过半干法反应器去除酸性气体，在半干法反应器出口烟道中分别喷入活性炭和熟石灰，烟气中的重金属、二噁英等被活性炭吸附，熟石灰则进一步脱除烟气中的酸性气体，之后烟气进入袋式除尘器。从余热锅炉、半干法反应器及袋式除尘器出来的飞灰经固化处理后，进行外运填埋。

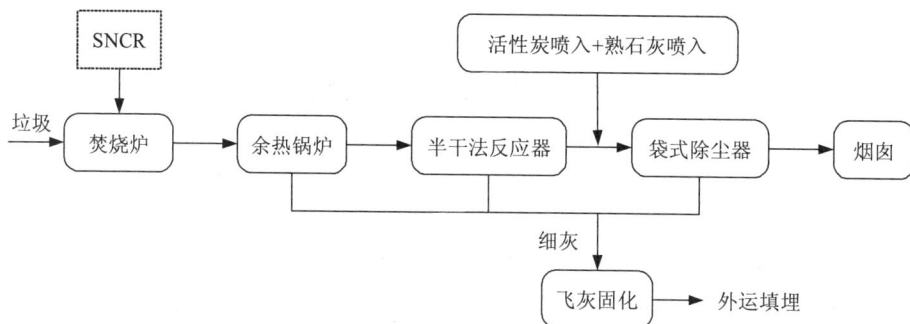

图 3-12　烟气净化技术路线

（三）实习过程

①通过查阅相关文献、资料，明确实习目的及要求，初步了解垃圾焚烧发电厂的生产过程及常用的烟气净化技术。

②参观过程中，了解垃圾焚烧发电厂的基本情况；垃圾来源、成分及数量；各大系统的工作过程，主要烟气净化设备的原理、结构、关键参数等。

③通过与技术人员交流，了解垃圾焚烧烟气净化装置运行中存在的问题及解决方法。

（四）思考题

①简述垃圾在垃圾池中存放一定时间的原因及一般的存放时间是多久。

②生活垃圾焚烧中，二噁英的控制方法有哪些？

③简述袋式除尘器的工作原理，以及其在生活垃圾焚烧发电烟气净化中所起的作用。

扫码查看
- AI环境科学智库
- 环境监测特训营
- 环评师养成课堂
- 环保法规研习所

第 4 章　固体废物处理与处置实习实践

随着全球人口的增长和经济的发展，固体废物产生量持续上升，给地球环境带来严重挑战。为了实现可持续发展，有必要对固体废物进行减量化、资源化处理，以及无害化与安全化处置。

本章以固体废物处理与资源化利用为主线，基于循环经济（"3R" + "3C"）的理念，从其系统"全过程"处理和处置及资源化方面，认知固体废物的来源、分类组成和性质；了解固体废物的产生方式、污染途径和控制方法；掌握一般固体废物处理与处置技术以及固体废物资源利用方法等。

4.1　固体废物的分类

固体废物是指在生产、生活和其他活动中产生的丧失原有利用价值或者虽未丧失利用价值但被抛弃或者放弃的固态、半固态和置于容器中的气态的物品、物质以及法律、行政法规规定纳入固体废物管理的物品、物质。经无害化加工处理，并且符合强制性国家产品质量标准，不会危害公众健康和生态安全，或者根据固体废物鉴别标准和鉴别程序认定为不属于固体废物的除外。

固体废物的种类繁多，其分类方式也较多。通常，可根据固体废物的性质、形态、危害性或处理方法等进行分类。根据性质来划分，固体废物可分为有机物和无机物；根据形态来划分，可分为固态（块状、粒状、粉状）和泥状废物；根据危害性来划分，可分为一般固体废物和危险废物；根据处理方法来划分，可分为可燃物和不可燃物等。按照来源还可以分为工业固体废物、农业固体废物、生活垃圾和建筑垃圾等。

图 4-1 显示了固体废物按危害性和来源的分类情况，其中：

一般固体废物，是指不具有危险特性的固体废物。

危险废物，是指列入国家危险废物名录或者根据国家规定的危险废物鉴别标准和鉴别方法认定的具有危险特性的固体废物。

工业固体废物，是指在工业生产活动中产生的固体废物。

农业固体废物，是指在农业生产活动中产生的固体废物。

生活垃圾，是指在日常生活中或者为日常生活提供服务的活动中产生的固体废物，以及法律、行政法规规定视为生活垃圾的固体废物。

建筑垃圾，是指建设单位、施工单位新建、改建、扩建和拆除各类建筑物、构筑物、管网等，以及居民装饰装修房屋过程中产生的弃土、弃料和其他固体废物。

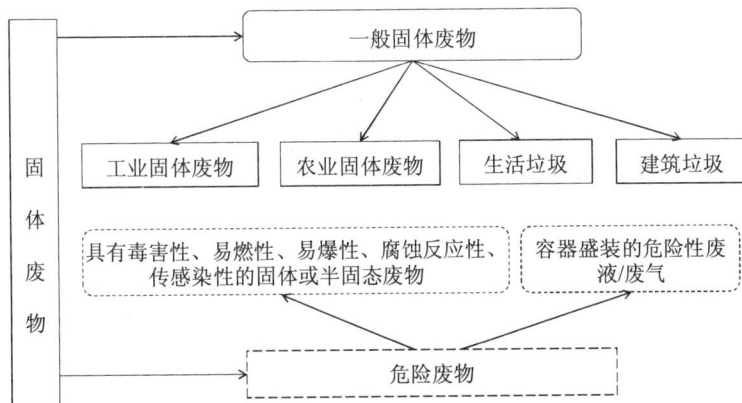

图 4-1　固体废物的分类

此外，为便于固体废物分流处理，结合我国对垃圾分类与收运的习惯认识，通常将固体废物分为 14 类：生活垃圾、餐厨垃圾、大件垃圾、建筑废物、城镇污水处理厂污泥、绿化垃圾、粪渣、动物尸骸、医疗垃圾、电子垃圾、废弃车辆、工业废物、农业废物、有害废物。

4.2　固体废物处理与处置技术

固体废物的处理，是指通过物理、化学、生物、物化及生化方法把固体废物转化为适于运输、贮存、利用或处置的过程。

固体废物的处置，是指将固体废物焚烧和用其他改变固体废物的物理、化学、生物特性的方法，达到减少已产生的固体废物数量、缩小固体废物体积、减少或者消除其危险成分的活动，或者将固体废物最终置于符合环境保护规定要求的填埋场的活动。

通常，固体废物所含成分复杂，加上其物理性状（体积、流动性、均匀性、粉碎程度、水分、热值等）各异，其处理与处置的终极目标，是要尽可能趋至以及达到"减量化、资源化、无害化"程度。一般固体废物污染防治方法，基于"污染预防"的理念进行全流程污染防治，首先是要控制其产生量；其次是开展综合利用处理，把固体废物作为资源和能源对待，实在不能利用的则经压缩和无毒处理成为终态固体废物后，再进行处置作业（填埋、焚烧等），主要采用的技术包括压实、破碎、分选、热解、固化、生物处理、焚烧、填埋等。

4.2.1 理念与原则

固体废物处理与处置方式，属于工程技术领域，研究内容侧重于固体废物的减量化、资源化和无害化处理方面，目的是提高处理效率与效益、提供社会经济发展所需要的产品以及妥善处理废物，强调的是固体废物源头需求侧管理（源头减量与排放控制）、逆向物流（与废物相关的物流，包括收集、储存、交易、运输等与废物相关的物流活动或环节）、物质利用、能量利用、填埋处置等处理作业及其协调推进。

（1）原则："3R"+"3C"

固体废物的管理，需要遵循"3R"原则：Reduce（减量化）、Reuse（再利用）、Recycle（再循环）。固体废物减量化（Reduce），即减少垃圾的源头产生量；固体废物的再利用（Reuse）旨在减少浪费，对同一物体进行多次使用；固体废物的再循环（Recycle），指充分利用垃圾中的各种有用成分，合理开发二次资源。

➢ 所谓"废物"——实为放错地方的"资源"；

➢ 所谓"垃圾"——实为摆错位置的"财富"。

固体废物的管控策略，要实行"3C"原则：Clean（清洁）、Cycle（闭环）、Control（可控）。实行全过程要 Clean（清洁）生产，进行 Cycle（闭环）循环经济和绿色 Control（可控）永续发展（图 4-2）。

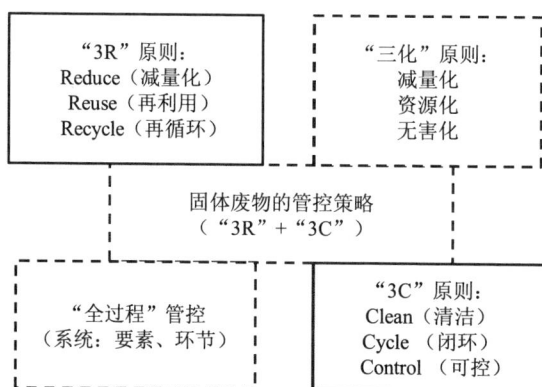

图 4-2　固体废物的管控策略："3R"+"3C"原则

（2）原理：LCA（生命周期评价）

生命周期（Life Cycle），可通俗地理解为"从摇篮到坟墓"（Cradle-to-Grave）的整个过程。对于某个产品而言，就是从自然中来回到自然中去的全过程，也就是既包括制造产品所需要的原材料的采集、加工等生产过程，也包括产品贮存、运输等流通过程，还包括产品的使用过程以及产品报废或处置等废弃回到自然的过程，这个过程构成了一个完整的产品的生命周期。LCA 指从原材料采掘到废物最终处置的全程跟踪与定量研究。图 4-3 为固体废物的全过程管理——产品从加工到进入流通领域。

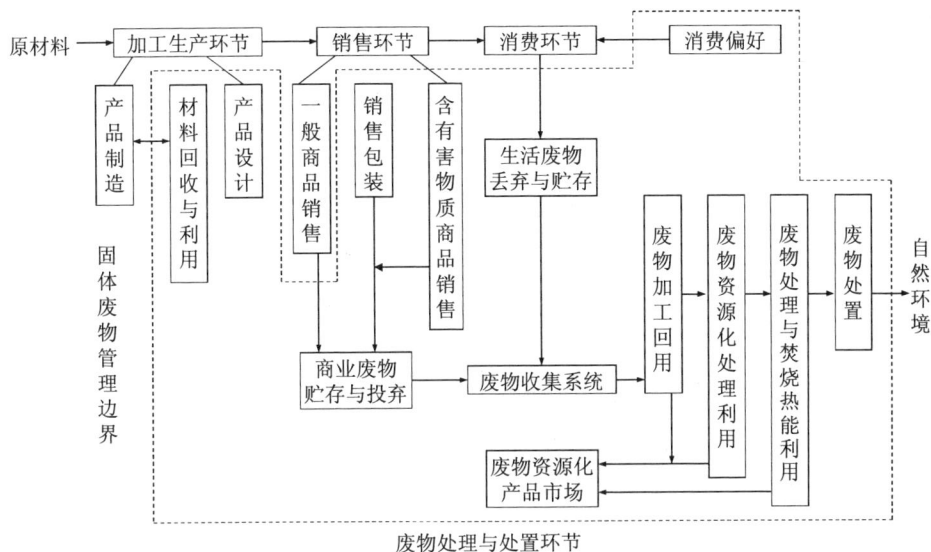

图 4-3　固体废物的全过程管理——产品从加工到进入流通领域

（3）理念："污染预防"

为了降低有毒有害污染物质对环境的影响而采用（或综合采取）预防措施（引入"污染预防"的理念），以避免、减少或控制任何类型的污染物或者废物的产生、排放或废弃。

污染预防可包括源消减或者消除，过程管控、产品或者服务的更改，资源的有效利用，材料或者能源替代，再利用、回收、再循环、再生和末端处理及处置，实行从"摇篮到坟墓"的"全要素+全流程+全环节"的"污染预防"。"污染预防"理念如图 4-4 所示。

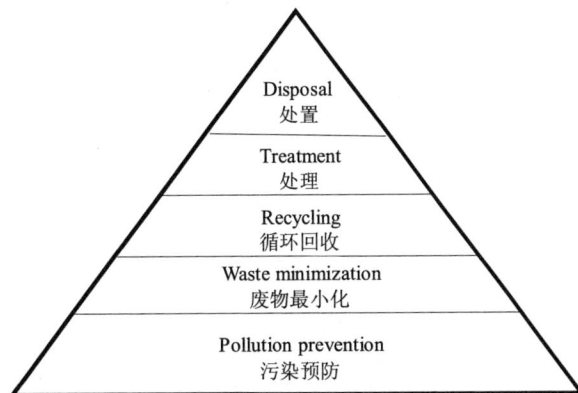

图 4-4　"污染预防"理念

4.2.2 固体废物处理与处置技术

（1）固体废物处理与处置技术

固体废物的处理与处置主要采用的技术包括压实、破碎、分选、热解、固化、生物处理、焚烧、填埋等。

①压实。压实是一种通过对废物实行减容化、降低运输成本、延长填埋寿命的预处理技术，是一种普遍采用的固体废物预处理方法。

②破碎。为了使进入焚烧炉、填埋场、堆肥系统等废物的外形减小，必须预先对固体废物进行破碎处理，经过破碎处理的废物，由于消除了大的空隙，不仅尺寸大小均匀，而且质地也均匀。固体废物的破碎方法很多，主要有常温破碎、低温破碎和湿式破碎等。

③分选。固体废物分选，是实现固体废物资源化、减量化的重要手段，一种是通过分选将有用的物质充分挑选出来加以利用，将有害的物质充分分离出来进行处理；另一种是将不同粒度级别的废物加以分离，其基本原理是利用物料某些方面的差异，将其分离开。根据不同性质，可设计制造各种机械对固体废物进行分选，包括重力分选、磁力分选、涡流分选、光学分选等。

④热解。热解是将有机物在无氧或缺氧条件下高温（500～1000℃）加热，使其分解为气、液、固三类产物。与焚烧相比，热解则是更有前途的处理方法，它最显著的优点是基建投资少。

⑤固化。固化处理（稳定化）技术主要用于对工业废物、危险废物以及废物中有害物质的控制，是一种无害化处理过程。向废物中添加稳定剂、吸附剂或其他固化剂（基材），将其中的危险物质固定下来，以防止有害物质向外界迁移。

经过处理的固化产物应具有良好的抗渗透性、良好的机械性以及抗浸出性、抗干湿、抗冻融特性，固化处理根据固化基材的不同可分为水泥固化、沥青固化、玻璃固化及胶质固化等。稳定化技术的选择，应该在处理成本和最终效果之间适当权衡。

⑥生物处理。生物处理技术是利用生物的分解作用对有机固体废物进行无害化处理的一种方法，可以使有机固体废物转化为能源、食品、饲料和肥料，还可以用来从废品和废渣中提取金属，是固化废物资源化的有效手段，如今应用比较广泛的有堆肥化、沼气化、废纤维素糖化、废纤维饲料化、生物浸出等。

⑦焚烧。焚烧是固体废物高温分解和深度氧化的综合处理过程，通过这一过程使大量有害的废物分解而变成无害的物质。近年来，采用焚烧方法处理固体废物，利用其热能回收/再生系统进行发电已成为新发展趋势。以此种方法处理固体废物，占地少，处理量大；但是焚烧法也有缺点，如投资较大，焚烧过程排烟易造成二次污染，设备锈蚀问题严重等。

⑧填埋。填埋是将经过各种预处理后的固体废物，集中到专门设计的、对有害成分具有良好屏蔽效果的填埋场而进行安全处置，以保证它们与生态圈长期隔离的一种方法。现代化的填埋场采用多重屏障的技术措施，以保证废物与生态环境的隔离。填埋可以分为卫生填埋和安全填埋。

固体废物的处理与处置技术系统如图 4-5 所示。

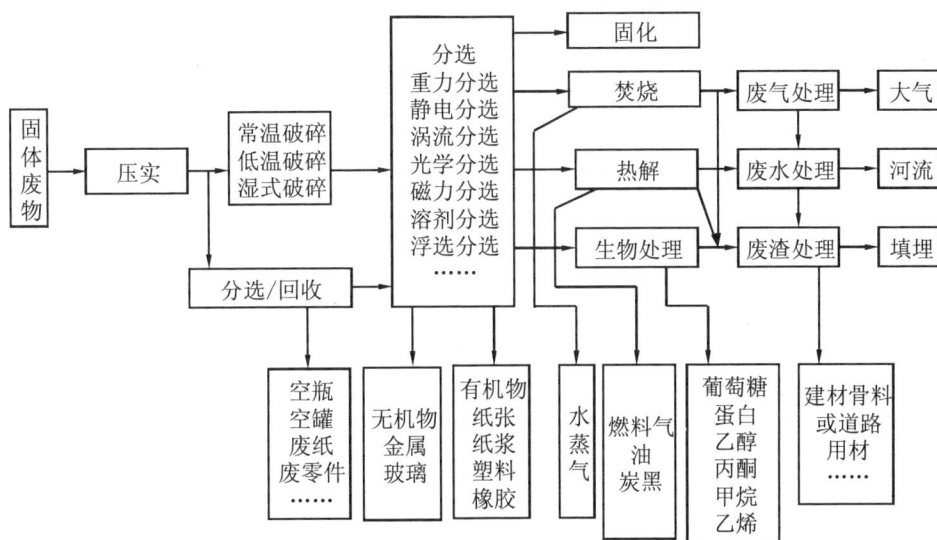

图 4-5 固体废物处理与处置技术系统

（2）减量化、综合利用与资源化利用方法

减量化是防治和减少已产生固体废物污染环境的终端措施，目的是尽量减少需要进行处置的固体废物的数量、种类和危险性，减轻对处置场地的压力和对环境的潜在污染威胁。废物减量化可通过多种废物处理和预处理过程实现。

固体废物的综合利用与资源化，是实现固体废物资源化、减量化的重要手段之一。固体废物中含有大量的可再生资源和能源，在使固体废物无害化处理的同时，可以实现其资源的再生利用。在废物进入环境之前，对其加以回收、利用，可大大减轻后续处理与处置的负荷。

其中，固体废物的资源化可以通过进行废物交换，建立回收站或回收中心，进行分选、提纯或将废物制成有用材料等进行可利用物质的遴选回收，也可通过焚烧、热解或制造燃料进行能量回收。因此，在固体废物处理与处置技术体系的建立过程中，应将综合利用技术放在首要位置。

未来，在固体废物减量化与资源化利用的科技发展领域，要深入认识区域物质代谢转化规律及废物资源生态环境属性交互作用机理，突破可持续产品生态设计、无废工艺绿色环境过程、多源复杂固体废物协同利用等重大技术与装备，攻克制约废物源头减量减害与高质量循环利用的关键材料、核心器件及控制软件，提升主要装备的绿色化、智能化水平，形成多套跨产业、多场景综合解决方案，显著提高新增固体废物资源化利用率，支撑环境污染显著减排与资源循环利用体系的构建。固体废物的全过程管理如图 4-6 所示。

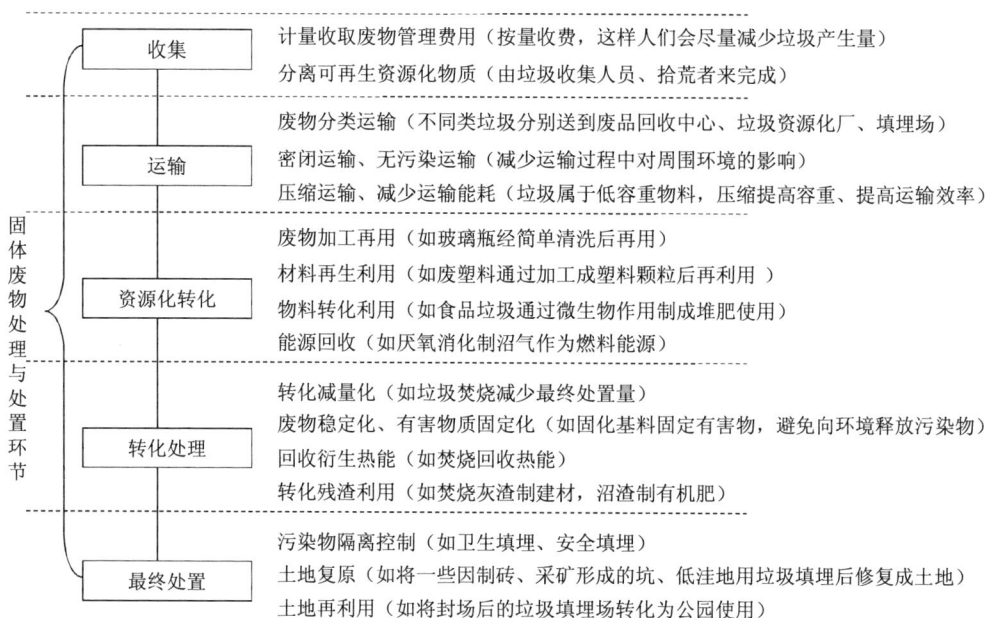

图 4-6　固体废物的全过程管理

4.2.3　再生资源产业与新发展模式

（1）静脉产业

静脉产业，是指垃圾回收和再资源化利用的产业，就如同人体血液循环中的静脉循环一样。其实质是运用循环经济理念，通过垃圾的再循环和资源化利用，实现"自然资源—产品—再生资源"的循环经济之路。通过静脉产业尽可能地把传统的"资源—产品—废物"的线性经济模式改造为"资源—产品—再生资源"闭环经济模式，有助于整个社会范围内形成并减少对原生自然资源的开采，注重资源的循环利用，从而把经济系统对自然生态系统的影响降到最低。

（2）城市矿山

垃圾是城市发展的附属物，随着城市运转和快速发展，全球每年产生上亿吨的垃圾，"垃圾围城"之痛已成为全球态势。固体废物兼具污染属性、资源属性和社会属性，若从物质资源回收循环利用的视角出发，要把一座城市看成一座矿山（储有优良矿产资源的矿山）来加以开发，尤其是从废旧家电、电子垃圾中提取各种有用金属矿产元素，可为经济社会可持续发展寻求"再生矿物"资源指出了一条新路，而且"城市矿山"要比天然形成的真正矿山更具开发价值。

（3）"无废城市"和"无废社会"

"无废城市"是以新发展理念为引领，通过推动形成绿色发展方式和生活方式，持续推进固体废物源头减量和资源化利用，最大限度减少填埋量，将固体废物环境影响降至最低的城市发展模式。

通过"无废城市"试点推动固体废物的资源化利用，从建设"无废城市"到创建"无废社会"，形成全社会构建"无废发展链" 新发展模式。"无废社会"不是全社会固体废物产生量为零，而是通过推动形成绿色循环发展方式和生活方式，实现固体废物"高度"资源化全面利用。

4.3　固体废物处理与处置实习实践案例

4.3.1　餐厨垃圾处理厂实习实践案例

餐厨垃圾处理厂实习实践

（一）实习目的
- 通过实地考察，了解特定地域餐厨垃圾的特许经营和集中转运现状；
- 了解餐余垃圾的污染物特征，掌握餐厨垃圾"全过程"处理模式；
- 熟悉餐厨垃圾厂的典型处理工艺、基本单元设施、运行及管理等。

（二）实习内容
随着我国消费升级，餐厨垃圾产量逐年递增，其处理技术和资源化发展受到国家和社会的高度重视。基于我国居民饮食习俗，餐厨垃圾具有以下特点：高含水率、低热值、有机质含量丰富、高油、高盐以及高氮、磷、钾等，而且餐厨垃圾易腐烂变质和滋生病菌，因此其兼具资源性和危害性。解决易腐有机垃圾的目标是实现减量化、资源化和无害化处理。

（1）基本概况
宁夏银川市某餐厨垃圾处理厂，厂区总建筑面积 17554 m^2。
在 2005 年，银川市先行先试，在西北地区率先开展餐厨废弃物的收集、运输及无害化处理工作。同时，以市场化手段引进该公司，负责银川市餐厨垃圾的收集处置工作，由此揭开了餐厨垃圾资源化利用和无害化处理的序幕。

2011 年，银川市抓住全国首批餐厨废弃物资源化利用和无害化处理试点工作的机遇，成为全国首批 33 个试点城市之一。试点项目确定 30 亩土地进行建设，政企合力齐动手，建成全国首批餐厨垃圾试点项目，实行餐厨垃圾的集中收集转运和处理。

2013 年，在总结餐厨垃圾处理经验的基础上，厂区建立了两条生产线，将餐厨垃圾固相部分生产成饲料添加剂、肥料、沼气，液相部分加工成工业粗油脂和液肥，加工废水经预处理后排入市政管网。

经过 3 年的建设运行，2016 年 6 月项目顺利通过终期验收。银川市成为 33 个试点城市中通过终期验收的 6 个城市之一。银川市餐厨垃圾处理工作迈向规范化轨道，走在全国同行业前列。

2022 年，银川市开展"餐厨废弃物资源化利用和无害化处理扩能提标改造项目"，改造后餐厨垃圾处理规模 400 t/d；新增厨余垃圾处理规模 100 t/d；新增污水处理能力 450 t/d；日产沼气 22000 m^3。沼气经净化处理后一部分送锅炉房供燃气锅炉燃烧使用，其余用于沼气发电自用。

（2）收运模式

垃圾分类的实施，有助于改善垃圾品质，为易腐有机垃圾的高值化利用提供了可能，并通过对垃圾生物资源的利用，进而改善人居生活环境。银川市餐厨垃圾收运工作面已覆盖到城市的每一个角落、精确到每一个商户。同时，为提高餐厨垃圾的收运质量，利用平台加大垃圾分类宣传，聘请收运司机为垃圾分类工作督导员，专门负责监督餐厨垃圾分类收运工作，这提高了餐饮企业垃圾分类的主体责任意识，保障了餐厨垃圾分类质量。图 4-7 为餐厨垃圾收运模式。

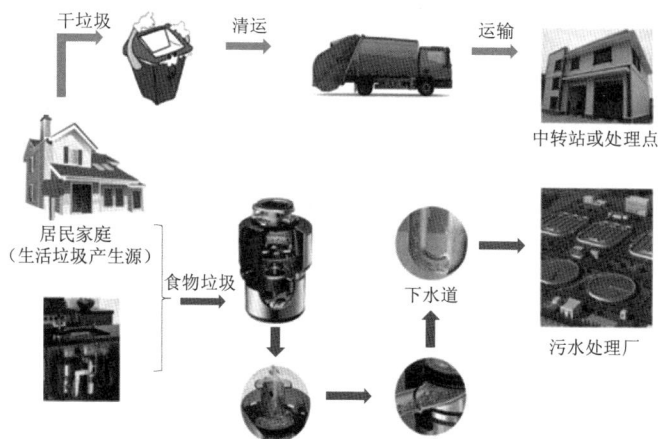

图 4-7　餐厨垃圾收运模式

餐厨垃圾收运企业在不断探索新工艺、新技术、智能化在餐厨垃圾收运系统中的应用，将餐饮企业的地理位置、分布和数量等信息收集整理建立智能回收系统，在收运车辆上统一安装定位导航系统，实时监测收运车辆的运行轨迹，科学分析每辆车的收集线路，确保餐厨垃圾应收尽收。

为提高收运效率，沿街餐饮企业根据实际情况预约收运时间，收运企业按时定点上门回收，商户只需在预约时间前将收集桶推运至指定地点后，就可以完成收运，避免餐厨垃圾长时间在室外暴露，有效维护城市环境卫生。

此外，根据上一年的收运线路，收运企业每年 12 月提前优化下一年的收集线路，实现定人、定车、定区域和定线路。

（3）餐厨垃圾的处理与处置方式

餐厨垃圾是一种"放错位置的资源"。当前，对厨余垃圾进行生命周期评价，全面考察不同处理模式和处理工艺的环境影响，按照"厌氧消化>好氧堆肥>焚烧>填埋"的梯次选择和优化处理模式，可发挥多种技术耦合协同作用。

对于餐厨垃圾，目前有效的处理与处置方法，主要包括资源化处理与无害化处理两种，其中资源化处理包括饲料法和生物处理法（微生物厌氧消化和好氧堆肥、黑水虻等食腐性昆虫养殖处理技术）；无害化处理（传统处理法）包括卫生填埋法和焚烧法。

截至 2023 年 6 月，该厂通过实施新设备改造生产项目，改造后平均每小时可处理餐厨垃圾 40 t。为达到餐厨垃圾处理的精细化，在处理工艺精益求精的同时，还对产生的沼液污水进行协同处置，增加了沼渣脱水机、气浮设备、汽提脱氨设备、生物反应器（MBR）、纳滤膜工艺（NF）及浓液处理设备，改扩建生物脱氮工艺（A/O）池等配套设施，污水处理达到 350 m³/d，最高处理 450 m³/d，能满足现行沼液污水处理需求和达标排放。宁夏在打造餐厨垃圾处理"银川模式"。

厌氧消化（发酵）是一种较为节能高效的处理方式，同时产生的沼气还能作为能源进行利用，可以产热、发电或者提纯天然气，也可以利用有些废物的沼渣沼液作为有机肥，因此厌氧消化技术能够在一定程度上实现废物资源化转换，是一种相对理想的有机废物处理方式。

（三）实践过程

①通过厂内专业技术人员的专业讲解，了解餐厨垃圾处理厂的基本概况及处理工艺原理。

②参观考察餐厨垃圾处理厂的单元工艺构筑物、固态物处置及渗滤液处理系统等，熟悉油脂分离过程、固态物处置流程，了解污水排放去向和臭气控制及排放状况。

③通过的现场参观厂区，熟悉厂内的常规检测指标及基本环卫防配。了解日常作业运维管理和基本工作内容。

（四）思考题

①基于系统"全过程"原理，简述餐厨垃圾进行全量处理的资源化方式。

②依据现场考察，绘制出餐厨垃圾厂的典型处理工艺流程并标出主要单元设施。

③简述在餐厨垃圾处理厂的日常运维中，应注意哪些环卫防护问题。

4.3.2　垃圾卫生填埋场实习实践案例

垃圾卫生填埋场实习实践

（一）实习目的

➤ 通过实地考察，了解特定城区生活垃圾的收运现状；

➤ 了解生活垃圾的组成及污染物特征，掌握生活垃圾"从收集、转运到卫生填埋"的线路作业模式及运行方式；

➤ 熟悉垃圾卫生填埋场的基本构造、填埋过程作业流程、场区单元设施、基本运行及管理方式等。

（二）实习内容

随着我国社会经济的发展、城市人口增加，城市垃圾产量逐年增多，垃圾组成也趋于复杂。城市固体废物综合治理，现已被纳入现代市政管理的重要内容。近年来，国家加大对城市垃圾管理的力度，产生的大量城市垃圾由过去简单堆放逐渐发展为分类收集、集中转运、安全处理和处置。

纵观国内外有关生活垃圾处理技术的理论研究和工程实践，运维成熟且常用的生活垃圾处理技术，主要有填埋、堆肥、焚烧和回收利用 4 种。其中，现代生活垃圾卫生填埋法，因其具有成本低廉、适用范围广、无二次污染、环保效果显著和处置彻底等优点，而被普遍采用。

（1）填埋场基本概况

宁夏某城区垃圾卫生填埋场于 2003 年 3 月开工建设，项目设计生产能力：填埋处理生活垃圾 1000 t/d、焚烧处理医疗废物 30 t/d。2004 年 2 月，该填埋场投入运行，是该市城区居民生活垃圾的唯一处理点，截至目前，已累计无害化填埋生活垃圾 485 万 t。

2013 年 12 月，该市区生活垃圾焚烧发电厂建成投产后，该市生活垃圾末端处置形成"以焚烧发电为主，无害化填埋为辅"的模式，垃圾填埋量大幅减少。

2018 年，填埋作业区北侧已达到设计标高，因此实施了封场工程，对填埋区北侧 6.35 万 m² 区域进行了封场处理。

2022 年 3 月，市政府制定并实施了《贯彻落实中央第四生态环境保护督察组通报典型案例整改方案》，要求采取"实施填埋场环境综合治理""恢复现有渗滤液设施处理能力""对积存渗滤液进行全量化处理"等措施，全面完成整改工作，解决该市生活垃圾填埋场末端处置短板和隐患问题。

开展"垃圾卫生填埋场综合治理"项目，主要建设内容：①渗滤液收集池修复工程；②新建清水池；③现状调节池修复；④封场绿化及浇灌管网；⑤其他配套工程（现状建筑物拆除等）。

填埋的垃圾腐败后所产生垃圾渗滤液，采用"原液预处理+碟管式反渗透（DTRO）+离子交换"工艺，浓缩液采用"预处理+蒸汽机械再压缩（MVR）蒸发+盐泥固化"工艺进行全量化处理，一次性完成积存渗滤液处理。

（2）填埋场规设选址与基本构造

填埋场规设选址：填埋场工程中重要的技术环节，主要表现在安全和经济两方面。从安全方面考虑，应防止填埋场对周围环境造成污染。从经济方面考虑，要通过选址使工程造价最低。

填埋场基本构造：一个标准的垃圾卫生填埋场应具有贮留垃圾、隔断垃圾与外界环境的水力联系，以及水、气和垃圾本身矿化处理三大功能。根据一般填埋层内部状况和运行条件，填埋场构造分为五类：①厌氧性填埋；②每日覆土的厌氧性卫生填埋；③底部设渗滤液集排水管的改良型厌氧性卫生填埋；④设有通气、集排水装置的半好氧性填埋；⑤强制通入空气的好氧型填埋。垃圾卫生填埋场的构造如图 4-8 所示。

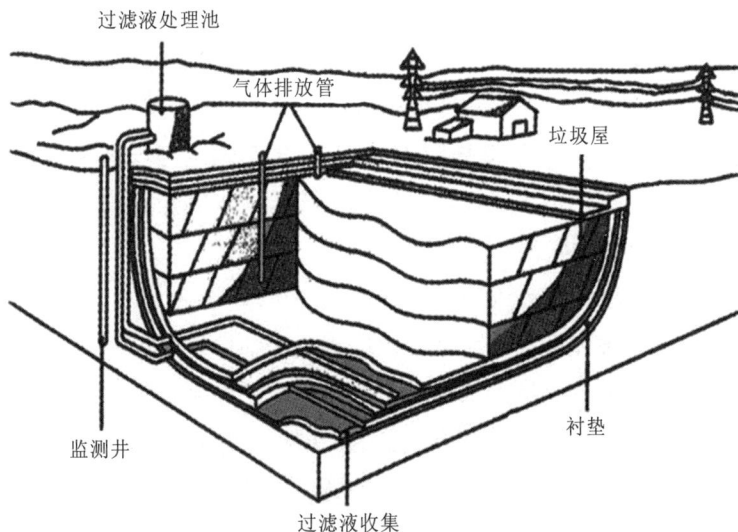

图 4-8　垃圾卫生填埋场的构造

（3）典型处置作业

垃圾卫生填埋场，是指用于处理城镇生活垃圾，并带有阻止垃圾渗滤液泄漏的人工防渗膜，带有渗滤液处理或预处理设施设备，以及运行和管理及维护、最终封场关闭符合卫生要求的垃圾处理场地。

在当前，生活垃圾卫生填埋作业，是作为一般城镇生活垃圾的主要最终处置技术。现代垃圾卫生填埋场是一项相当复杂的系统工程，涉及许多方面的内容。根据污染预防和环保作业措施（如场底防渗、分层压实、土层覆盖、填埋气排导、渗滤液处理、虫害防治等）是否齐全、环保标准是否满足地域要求来判断。垃圾卫生填埋场就是能对渗滤液和填埋气体进行控制的填埋方式，并被普遍采用。其主要特征是既有完善的环保措施，又能达到环保标准。

1）填埋场的填埋作业

➢ 压实、埋土

中转站垃圾被集运车搬运到填埋场作业区地点后，会根据垃圾的种类，填埋在规定的区域，进行逐层填埋作业。填埋场作业区卸载的垃圾由推土机进行推碾压平，并进行分区边坡整形和叠压实作业。等堆填垃圾达到一定的厚度或修建道路等时将覆盖泥土。通常，垃圾填埋场覆土分为3种：每日作业结束后进行"当日覆土"，填埋达到一定深度或一定层数时进行"中期覆土"，以及填埋处理全部结束后进行"最终覆土"。

➢ 作业扬尘、臭气、噪声的控制

一般固体废物填埋场大气污染源，主要是填埋气以及填埋场的粉尘和垃圾飞扬物。填埋气主要是由于微生物分解固体废物中的有机成分产生的，主要成分包括 CH_4、CO_2 以及少量的 H_2S、NH_3、N_2 和 H_2 等。通常，垃圾填埋场恶臭气体及粉尘和飞扬物含有多种有毒有害物质，可能对人类生存及环境可持续发展造成严重影响。

一般固体废物填埋场的噪声来源于固体废物运输车辆进出填埋场的交通噪声，填埋作业时填埋机械（压实机、推土机、垃圾运输车等）产生的噪声，以及场区渗滤液废水处理站的鼓风机和水泵等的噪声。

➢ 生态封场、边坡和植被维护

垃圾填埋场作业至设计标高或垃圾堆放场不再受纳垃圾而停止使用时，需要做生态封场处理。填埋场封场工程包括雨水导排与地表水径流控制、垂直防渗、渗滤液收集处理、填埋气体导排与收集处理、堆体边坡稳定、植被恢复及封场覆盖等内容，以有效改善填埋场的生态环境，减少污染物的排放，提高土地的再利用率，实现区域场地全生态复绿。

2）防渗材料、渗滤液处理系统及填埋气体导排（或回收）通道

在该垃圾卫生填埋场的北侧封场区，覆盖层具体建设情况：①排气层，结合导气石笼铺设 300 mm 厚、粒径 25～50 mm 的碎石导气通道；②覆盖土层，200 mm 厚压实黏土，起保护高密度聚乙烯膜（HDPE）膜的作用；③防渗层，采用 1.5 mm 厚的 HDPE 膜防渗；

④膜上保护层，铺设 600 g/m² 长丝土工布；⑤排水层，采用 7.5 mm 三维复合排水网格，网格上铺设 600 g/m² 长丝土工布；⑥上保护层，在长丝土工布上铺 200 mm 厚自然土；⑦植被层，在上保护层上加铺 500 mm 厚自然土作为覆盖支持土层并压实。最外层再铺 300 mm 厚的营养土，再压实。

渗滤液处理系统，除了传统的集排水功能，还包括气体导流功能和一些其他功能。作为一个完整的填埋场渗滤液处理系统，应包括防渗层、覆盖层（包括表面水排除系统）、渗滤液集排系统、地下水集排水系统、雨水集排水系统、贮存构筑物和渗滤液处理设施等。

填埋气体的导排（或回收）通道：填埋气体主要为 CH_4 和 CO_2，在垃圾填埋场内铺设一些垂直的或水平的导气井和盲沟，用管道将这些导气井和盲沟连接至抽气设备，利用抽气设备对导气井和盲沟抽气，可将填埋场内的填埋气体抽出，导排收集至圆型集气站，最终导排至火炉系统，填埋气体经火炉燃烧后排放。

3）填埋场的运行管理和监测

填埋场成功运行的关键是有一个简单明了的、有组织的运行计划。运行计划主要包括填埋施工计划、分区计划和覆土施工计划。运行计划要对每一天、每一年的运行提出指导，使填埋场得到有效利用，保证工作安全，且不引起环境问题。

对填埋场的监测，主要有两个基本目的：检查填埋场是否运行正常；监测填埋场的运行是否对环境造成污染。监测项目主要包括：填埋场内渗滤液水位；地下水集排水系统内的水位；衬层下的渗漏液；填埋场周围地下水水质；土壤和填埋场周围大气中气体成分；渗滤液集水井内的水位和水质；最终覆盖的稳定性。

（三）实践过程

①通过场内管理技术人员的专业讲解，了解垃圾卫生填埋场的基本概况。

②实地参观和熟悉垃圾卫生填埋场的基本单元构造、场区单元设施及基本装备、垃圾覆层填埋处置作业流程及填埋场的运行管理等，了解垃圾渗滤液处理、填埋气体的排除和臭气控制及排放要求。

③通过场区的现场参观，熟悉场区的常规监测项及基本环卫防护配备，了解场界基本管护和日常运维工作内容。

（四）思考题

①简述垃圾卫生填埋场的基本构造单元。

②简述垃圾卫生填埋场的基本填埋作业流程。

③简述垃圾卫生填埋场环境监测时的主要监测项目。

第5章　土壤污染防治与修复实习实践

土壤是人类社会生产活动的重要物质基础，是不可缺少、难以再生的自然资源。然而，土壤污染现已是全球性的环境问题，威胁着人类健康，影响着社会经济的可持续发展。

本章介绍土壤污染物的类型及状况，概括土壤污染防治方法与修复技术，以期为土壤污染防治与修复实习实践教学提供专业指导。

5.1　土壤污染物的类型

土壤中污染物的种类主要包括重金属、硝酸盐、农药及持久性有机污染物、放射性核素、病原菌/病毒及异型生物质等。主要划分类型如下：

①根据污染物性质，可分为无机污染、有机污染及生物污染等类型；

②根据环境中污染物的存在状态，可分为单一污染、复合污染及混合污染等类型；

③根据污染物来源，可分为工企"三废"（废水、废渣、废气）污染型、农业物资（化肥、农药、农膜等）污染型及城市生活（污水、固体废物、烟/尾气等）污染型；

④根据污染场地（所），可分为工业区、矿区、农田、老城区及填埋区等类型。

5.2　土壤污染的状况

我国是土地资源相对短缺的国家，土壤污染更是加剧了其短缺的严重程度。当前，土壤污染已对我国生态环境质量、食品安全和社会经济持续发展构成了严重威胁。

我国土壤污染与退化的总体现状，目前已表现出多源、复合、量大、面广、持久、毒害的现代环境污染特征。污染已从局部蔓延到区域，从城市和郊区延伸到乡村，从单一污染扩展到复合污染，从常量有毒有害污染发展至微量持久性有毒有害污染，并与氮、磷营养污染交叉，形成点源与面源污染共存，生活污染、农业污染和工业污染叠加，各种新旧污染与二次污染相互复合或混合的发展态势。

土壤污染防治是防止土壤遭受污染和对已污染土壤进行改良和治理的活动。特别指出的是，土壤本来是各类废物的天然收容所和净化处理场所。土壤接纳污染物，并不表示土壤即受到污染。只有当土壤中收容的各类污染物过多，影响和超过了土壤的自净能力，从而在环境卫生学上和生物流行病学上产生了有害影响，严重影响了土壤生态系统，并有可能通过食物链影响人体健康，造成群体健康危害时，则表明该土地的土壤受到了污染。

土壤保护应以预防为主，其重点应放在对各种污染源排放进行特定有毒害污染物种类和浓度及总量控制方面。对已污染的土地资源开展有效修复，是解决此污染问题的有效途径之一。

5.3　土壤污染防治方法与修复技术

土壤是人类生存、兴国安邦的重要战略资源。按照"预防为主"的环保治理与绿色防控方针，防治土壤污染的首要任务是要控制和消除土壤污染源，防止新的土壤污染；对已污染的土壤，要采取一切有效修复技术措施，清除土壤中的污染物，改良土壤质量，防止污染物在土壤中的迁移转化。

5.3.1　土壤污染防治

土壤污染防治包括两个方面：一是"防"，就是采取对策防止土壤污染；二是"治"，就是对已经污染的土壤进行改良和治理。从根本上说，土壤污染防治的原理包括：改变污染物在土壤中的存在形态或同土壤的结合方式；降低其在环境中的可迁移性与生物可利用性；降低土壤中有害物质的浓度等。

土壤污染预防的重点，应放在对各种污染源排放进行浓度和总量控制；对农业用水进行经常性监测、监督，使之符合农田灌溉水质标准；利用城市污水灌溉，必须进行净化处理；合理施用化肥、农药，推广病虫草害的生物防治和综合防治，以及整治矿山防止矿毒物扩散污染等。

土壤污染的改良和治理方面，对重金属污染者采用排土、客土改良或使用化学改良剂，以及改变土壤的氧化还原条件使重金属转变为难溶物质，降低其活性；对有机污染物可采用松土、施加碱性肥料、翻耕晒垄、灌水冲洗等措施加以治理等。

5.3.2　土壤污染修复

土壤污染修复是使遭受污染的土壤恢复正常功能的技术措施。土壤污染修复技术则是指采用化学、物理学和生物学的技术与方法降低土壤中污染物的浓度，固定土壤污染物，将土壤污染物转化成为低毒或无毒物质，以及阻断土壤污染物在生态系统中的转移途径的技术总称。

通常，从不同角度，可以对土壤污染修复技术进行不同分类。

（1）根据修复土壤的位置分类

土壤污染修复技术可分为原位修复技术和异位修复技术。

1）原位修复技术

原位修复技术指对未挖掘的土壤进行治理的过程，对土壤没有太大扰动。其优点是比较经济有效，就地对污染物进行降解和减毒。无需建设昂贵的地面环境工程基础设施以及远程运输，操作维护较简单。此外，原位修复技术可以对深层次土壤污染进行修复。缺点是控制处理过程中产生的"三废"比较困难。

2）异位修复技术

异位修复技术指对挖掘后的土壤进行修复的过程。异位修复分为原地处理和异地处理两种。原地处理指发生在原地的对挖掘出的土壤进行处理的过程，异地处理指将挖掘出的土壤运至另一地点进行处理的过程。其优点是对处理过程的条件控制较好、与污染物接触较好，容易控制处理过程中产生的"三废"的排放；缺点是在处理之前需要挖土和运输，会影响处理过的土壤的再使用且费用通常较高。

（2）根据操作原理分类

当前，土壤污染修复技术可分为物理修复技术、化学修复技术、生物修复技术和综合修复技术等。

1）物理修复技术

污染土壤的物理修复，是指利用土壤和污染物之间的物理特性及其在环境中的行为，通过分离、挥发、吸脱附、置换、包覆等处理与处置过程，以消除、降低、阻隔、稳定或固化污染物及其毒害性的修复技术。土壤物理修复技术包括蒸汽浸提、固化修复、物理分离修复、玻璃化修复、热力学修复、热解吸修复、电动力学修复、客土/换土法等技术。

2）化学修复技术

污染土壤的化学修复，是利用加入土壤中的化学修复剂与污染物发生一定的化学反应，使污染物被降解和毒性被去除或降低的修复技术。土壤化学修复技术包括原位/异位化学淋洗、溶剂浸提、原位化学氧化、原位化学还原与还原脱氯以及土壤性能改良等技术。

3）生物修复技术

污染土壤的生物修复是指在一定条件下，利用土壤中各种微生物、植物和其他生物吸收、降解、转化和去除土壤环境中的有毒有害污染物，使污染物的浓度降低到可接受的水平或将其转化为无毒无害物质，恢复受污染生态系统的正常功能。

根据机理不同，生物修复主要可以分为三种类型：植物修复、动物修复和微生物修复。

①植物修复。植物修复技术是利用植物自身对污染物的吸附、吸收、固定、转化、降解和积累功能，以及通过为根际微生物提供有利于修复进程的环境条件而促进污染物的微生物降解和无害化过程，从而实现对污染土壤的修复。植物修复的对象是重金属、有机物或放射性元素污染的土壤，通过植物的吸收、挥发、根滤、降解、稳定等作用，可以净化土壤中的污染物，达到净化环境的目的。

植物修复技术因具有安全、成本低、就地化、土壤免遭扰动、生态协调及环境美化功能等特点，又被称为绿色修复，已成为一种新兴、高效、绿色、廉价的生物修复途径。

②动物修复。动物修复是利用土壤中的动物吸收和积累有毒有害污染物，可在一定程度上降低土壤中污染物的比例，达到修复和治理污染土壤的目的。例如，蚯蚓是一种能提高土壤自净能力的动物，利用它还能处理城市垃圾和工业废物以及农药、重金属等有害物质。因此，蚯蚓被人们誉为"生态恢复的大力士"和"生物修复净化器"。

③微生物修复。微生物修复是利用某些特定微生物（如土著菌、专用外来菌、基因工程菌）对土壤中有毒有害污染物进行吸收、沉淀、氧化、还原和代谢降解等，从而降低、转化或消除土壤中污染物的毒性，常用于土壤中有机污染物的降解。譬如积极推广使用消弭特定污染物的专用微生物降解菌剂，可以减少农药或抗生素的残留量。

4）综合修复技术

当前，土壤污染类型多种多样，污染场地错综复杂，普遍呈现复合污染态势。一些场地不仅污染范围大、不同性质的污染物复合、土壤与地下水同时受污染，而且修复后土壤再利用方式的空间规划要求不同。如此，在土壤功能恢复或再开发利用中，实施单项技术往往很难达到污染土壤的修复目标，而发展协同联合的土壤综合修复技术及模式，就成为污染场地和农田土壤污染修复的重点研究方向。

在工程实践中，污染土壤修复技术的适用性因修复工程项目而异，通常是受限于多因素的复合性影响，包括施工场地和污染特征、修复目标、修复效率、成本效益、时间进度和公众可接受性等。

在混合污染场地的土壤修复中，综合修复技术包括：①微生物/动物-植物联合修复技术；②化学/物化-生物联合修复技术；③物理-化学联合修复技术等。

污染土壤修复技术的特点及适用的污染类型，如表 5-1 所示。

表 5-1 污染土壤修复技术的特点及适用的污染类型

类型	修复技术	优点	缺点	适用类别
物理修复	蒸汽浸提技术	效率较高	成本高、时间长	挥发性有机物（VOCs）
	固化修复技术	效果较好、时间短	成本高、处理后不能再农用	重金属等
	物理分离修复	设备简单、费用低、可持续处理	筛子可能被堵、扬尘污染	重金属等
	玻璃化修复	效率较高	成本高，处理后不能再农用	重金属、有机物等
	热力学修复	效率较高	成本高，处理后不能再农用	重金属、有机物等
	热解吸修复	效率较高	成本高	重金属、有机物等
	电动力学修复	效率较高	成本高	重金属、有机物等
	客土/换土法	效率较高	成本高、污染土还需处理	重金属、有机物等
化学修复	原位化学淋洗	长效性、易操作、费用合理	治理深度受限，可能会造成二次污染	重金属、苯系物、石油、卤代烃、多氯联苯等
	异位化学淋洗	长效性、易操作、治理深度不受限	费用较高，存在淋洗液再处理和二次污染问题	重金属、苯系物、石油、卤代烷烃、多氯联苯等
	溶剂浸提技术	效果好、长效性、易操作、治理深度不受限	费用高、需解决溶剂污染问题	烷烃有机物、多氯联苯等
	原位化学氧化	效果好、易操作、治理深度不受限	使用范围较窄、费用较高、可能存在氧化剂污染	烷烃有机物、多氯联苯等
	原位化学还原与还原脱氯	效果好、易操作、治理深度不受限	使用范围较窄、费用较高、可能存在氧化剂污染	卤代烷烃有机物
	土壤性能改良	成本低、效果好	使用范围窄、稳定性差	重金属
生物修复	植物修复	成本低、不改变土壤性质、没有二次污染	耗时长、污染程度不能超过修复植物的正常生长范围	重金属、有机物污染等
	动物修复	快速、安全、费用低	条件严格、不宜用于治理重金属污染	重金属、有机物等
	微生物修复	快速、安全、费用低	条件严格、不宜用于治理重金属污染	有机物
综合修复	联合修复技术	效果好、效率高	复合技术、专业度要求高	混合污染物

5.4　土壤污染防治与修复实习实践案例

5.4.1　土壤盐碱化治理实习实践案例

土壤盐碱化治理实习实践

（一）实习目的

➤　了解宁夏半旱区域内盐碱地的分布、特征及成因；

➤　通过实地考察，了解土壤盐渍化现况、盐碱地改良及生态修复概况；

➤　熟悉和掌握一些盐碱地改良模式及适生培肥技术。

（二）实习内容

（1）土壤盐渍化现况

宁夏地处我国西北内陆，得黄河灌溉之利，宁夏绿洲平原自古就有"塞上江南"的美誉。然而该区位处于西北半干旱气候带，年降水稀少，地表蒸发强烈。宁夏五市区的不同农业地带，一直以来都受制于土壤盐渍化问题。

宁夏全区现有不同程度盐渍化耕地 248.8 万亩，其中银川市 83.3 万亩、石嘴山市 73.9 万亩、吴忠市 38.3 万亩、固原市 20 万亩、中卫市 33.3 万亩。按照盐渍化程度划分，轻度盐渍化耕地（土壤含盐量 1.5～3 g/kg）139.8 万亩，占总面积的 56%；中度盐渍化耕地（土壤含盐量 3～6 g/kg）74.6 万亩，占总面积的 30%；重度盐渍化耕地（土壤含盐量在 6 g/kg 以上）34.3 万亩，占总面积的 14%。

（2）盐碱地改良及生态修复技术

土壤盐渍化是一个世界性的生态问题，也是农业粮食安全的永恒话题。如何利用好这些盐碱地，是科技工作者攻坚的难题。宁夏各区（县）在继承多年来盐碱地改良利用经验的基础上，不断创新盐碱地改良利用技术和理念，坚持综合治理与合理利用相结合的原则，按照盐碱地空间分布，分别开展不同类型的盐碱地改良及生态修复技术，对全区盐碱地进行系统性改良利用 ［详细内容可参考《关于推动宁夏盐碱地综合利用的科技支撑方案》（宁科发〔2024〕4 号）］。

①统一规划和分区施策，实施工程治理与农艺措施相融合。根据全区盐碱地不同成因，在引黄自流灌区重点采取开挖整治排水沟道、暗管排水等工程措施。根据盐碱地演变规律，在扬黄灌区采取"节水控盐"模式；在滨河低洼地区重点采取"种稻改碱+种稻洗盐"和"以渔治碱"模式；低洼荒地采取发展"四水养殖产业与恢复湿地"模式。

②配套多维措施，强化治理成效。配套秸秆还田、深松深翻、种稻洗盐、增施有机

肥等农艺措施，施用土壤调理剂、磷石膏等化学措施，以及采用引进、筛选和种植耐盐碱作物等生物措施。在土壤 pH 大于 8.5 的碱化土壤分布区，重点推广"磷石膏+有机肥+秸秆还田"培肥沃土技术模式；在地势平缓、排水无出路的银北地区，重点推广暗管排水与太阳能光伏抽水相结合的技术模式。

③提高水资源利用效能，增强盐碱地综合利用。水资源短缺仍是最大发展约束，应实施"以水治盐、农艺结合、综合配套"的整体治理生态化措施。针对扬黄灌区土壤母质含盐量高，土体中有不透水层，且灌区缺少排水沟系，易发生土壤次生盐渍化等问题，通过调整种植结构，大力发展高效节水农业，推广秸秆还田、深翻深松、增施有机肥等农艺措施改良土壤。在红寺堡开发区和其他扬黄灌区通过调整种植结构，发展以滴灌为主的节水农业；通过提高水资源利用率，减少过量灌溉，以逐步减少盐碱危害。

④注重科技支撑赋能和生态系统治理。在科技支撑计划项目支持下，联合区内外科研单位开展水盐调控、微咸水灌溉等技术示范，研发了脱硫石膏、磷石膏、微生物改良剂等多种盐碱地改良制剂，选育出湖南稷子、苜蓿、甜高粱、青贮玉米等耐盐作物新品种；在灌区其他区域根据"山水林田湖草沙"综合治理的原则，构建与水资源相协调的现代农业体系。

（3）银北盐碱地治理概况

银北地区位于宁夏北部，东、北、西三面与内蒙古毗邻，南与银川市接壤。东屏滔滔黄河水，西依巍巍贺兰山。

石嘴山市地处宁夏引黄灌区下游，下辖三县区（大武口区、平罗县、惠农区），全市耕地面积 137.65 万亩，盐渍化耕地面积 80.52 万亩，占比 58.5%。其中，轻度盐渍化耕地 49.65 万亩，占比 36.07%；中度盐渍化耕地 19.1 万亩，占比 13.88%；重度盐渍化耕地 11.77 万亩，占比 8.55%。土壤盐渍化严重问题始终制约着地域农民增收和现代农业发展。

为加快盐碱地改良，挖掘盐碱地利用潜力，拓展生产空间，在银北某区域碱化盐土试验样地，通过"工程+农艺""生物+化学"等方法，采取深耕深松、秸秆还田、增施有机肥、种植绿肥等方式，探索出"盐碱地变良田"的方式和路径。

①坚持因地制宜、综合治理的防治原则，依据空间布局，健全盐碱地综合治理体系。宁夏银北扬黄灌区土壤盐渍化成因，包括气候因素、高含盐的土壤母质、障碍土层、局部地势低洼、常年有灌无排等，治理措施应因地制宜。探索地理土壤状况和盐渍化成因、区域结构调整与农业节水灌溉规律、充分挖掘排水系统最大功能，分析研究灌溉与排水两者间的平衡关系，对局部低洼排水困难地区，推广暗管排水或渠灌井排等技术，通过加强工程的建后管护和维护工作，确保灌排系统畅通，从根本上解决盐碱问题。

②采取工程节水与农艺节水相结合的方式，推广喷灌、微灌等节水灌溉新技术新农艺，统筹开展土地平整、土壤改良、灌排设施、农田道路、农田林网综合配套，推进地

域盐碱地综合治理。实施田间畦灌改滴灌、喷灌，压减水稻、瓜菜等高耗水作物；结合农业综合改良措施，通过粉垄农机深翻深松，以及合理的培肥耕作等措施改善土壤结构，提高土壤肥力，抑制土壤返盐。发展青贮玉米、优质甜高粱饲草、酿酒葡萄、枸杞等盐碱地特色生态农业产业。

③支持盐碱地农艺改良政策，持续推进盐碱农艺改良和综合改造高效利用。以推广"秸秆培肥+机械深翻+有机肥（磷石膏、土壤调理剂）"改良技术模式为重点，加大秸秆培肥、深松深翻、增施有机肥等措施实施力度，建立培肥改良长效机制，扎实推进盐碱地综合利用，全力提升耕地质量。

（三）实践过程

①预先查阅相关资料，了解宁夏半旱区域内盐碱地的分布、土壤盐渍化特征及成因等概况；

②通过专业技术人员的讲解，了解关于银北地区土壤盐渍化现况、盐碱地改良成就及生态修复概况；

③进行实地参观，熟悉和掌握一些盐碱地改良模式及适生配置技术。

（四）思考题

①试探究并阐述宁夏银北扬黄灌区耕地易发生土壤次生盐渍化现象的成因。

②结合现场考察，阐述"磷石膏+有机肥+秸秆还田"培肥沃土模式。

③以银北地区土地为例，试列举出几种适宜的盐碱地生态改良技术。

5.4.2　矿山土地生态修复实习实践案例

矿山土地生态修复实习实践

（一）实习目的

➤　通过实地考察，了解贺兰山东麓矿山土地的生态修复与治理状况；

➤　了解贺兰山作为我国西北重要生态安全屏障的生态地位，掌握"基于自然的解决方案"的生态修复工程原理；

➤　了解和熟悉一些废弃矿山环境整治及生态修复技术。

（二）实习内容

宁夏贺兰山是我国重要自然地理分界线和西北重要生态安全屏障，维系着西北至黄淮地区气候分布和生态格局，守护着西北、华北生态安全。然而，在为经济社会发展不断释放资源"红利"的同时，贺兰山的自然生态环境也背负着"不能承受之重"，长期倚能倚重的经济发展方式和简单粗放的资源利用形式，致使生态系统越发脆弱、矿山地质环境遭到严重破坏、流域环境污染严重、生物生境斑块破碎、生物多样性急剧下降、水土流失情况加剧、湿地生态功能退化，区域生态环境质量和整体功能亟待提升。

（1）生态地位

贺兰山位于宁夏与内蒙古交界处，是我国重要生态系统保护和修复重大工程总体布局"三区四带"的重要组成单元，可削弱西北高寒气流的东袭，阻挡腾格里沙漠东移、乌兰布和沙漠南下及毛乌素沙地西进，保障黄河安澜，成就了"塞北江南"银川平原，被宁夏人民亲切地称为"父亲山"。

贺兰山蕴藏着丰富的煤炭、矿石等矿产资源和多样的森林、荒漠、野生动植物等自然生态资源，是我国北方重要的生物多样性中心。贺兰山东麓作为我国"一五"时期布局建设的全国十大煤炭工业基地之一和"三线建设"的重要布局点，宁夏第一吨煤、第一度电和第一炉钢均诞生于此。

（2）生态问题

在为经济社会发展不断释放资源"红利"的同时，贺兰山的自然生态环境也背负着"不能承受之重"。贺兰山矿山开采始于明清时期，由于历史上一度无序开采，顶峰时活动人员有 10 万余人，各类采矿权 100 多个，矿山企业遍地开花，致使贺兰山山体千疮百孔、满目疮痍，矿坑矿渣遍布、沟道污水横流、煤尘漫天，对土壤、大气和水体造成严重污染，生态环境急剧退化，生态系统严重受损。人类违法活动和矿山开采造成的环境破坏成为亟待解决的生态问题。

（3）工程实施情况

2018 年，宁夏申报"贺兰山东麓山水林田湖草生态保护修复工程试点"，按照"整体保护、系统修复、综合治理"要求，实施了废弃矿山整治及生态修复、水污染防治与水生态修复等八大工程 17 个重点领域 180 个子项目，其中矿山生态修复项目 24 个，累计投入各类资金 17.1 亿元。

贺兰山东麓矿山生态修复项目，是在前期依法关闭退出矿山、实施矿山生态修复和环境整治、加强保护区监测监管的基础上，坚持推动生态产业化和产业生态化，围绕贺兰山东麓矿山生态修复与"六特"产业发展，利用历史遗留矿坑和保留的工矿遗址，重点在葡萄酒庄建设、文旅廊道打造、工业遗产保护等方面，积极探索实践生态产品价值实现的路径与模式。利用矿山生态修复成果建设的贺兰山东麓葡萄酒庄和葡萄种植基地已成为宁夏靓丽的"紫色名片"和旅游打卡地；利用工矿遗址打造的石炭井工业文旅小镇、大磴沟生态修复示范区，成为影视剧拍摄基地和生态环境法治宣传教育示范点，取得了生产、生活、生态效益共赢的生态修复实践效果。

通过此项目的实施（矿山生态修复技术流程见图 5-1），贺兰山东麓生态质量得到有效提升，贺兰山生态环境突出问题得到有效解决，贺兰山自然生态本底恢复，生境通道贯通接续，生物多样性稳步提升，切实筑牢了祖国西北生态安全屏障，推动了黄河流域生态保护和高质量发展先行区的建设。同时，为其他西部地区特别是资源枯竭城市生态保护修复提供了可复制、可推广的宁夏成功经验。

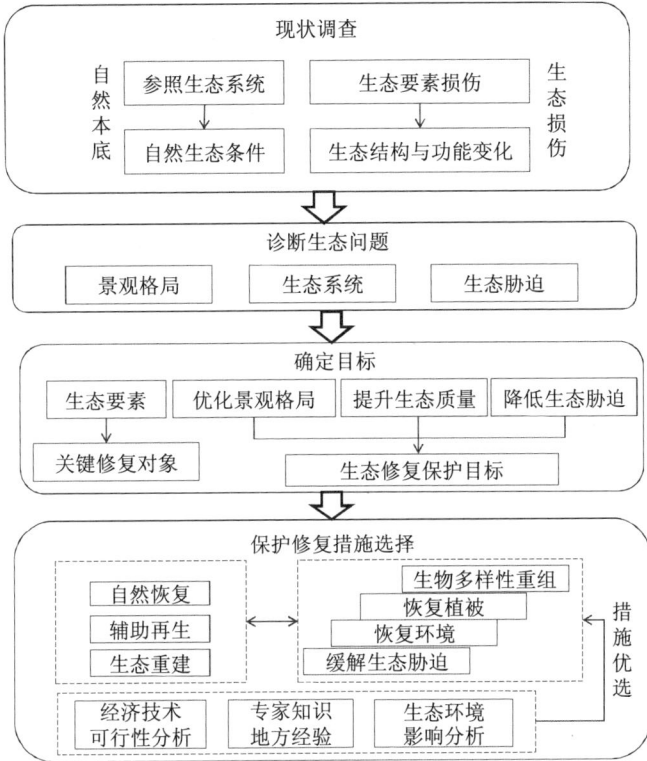

图 5-1　矿山生态修复技术流程

此外，宁夏重点研发计划重大项目"贺兰山保护区采煤迹地生态修复技术与模式研究"（2018BFG02002），以近自然地形重塑技术和研发乡土物种植被恢复技术为核心，综合应用地貌、土壤、水文、风沙动力学、生物、恢复生态等学科相关理论，在贺兰山生态保护区汝箕沟研发采煤迹地地形重塑与土体重构技术、采煤迹地土壤改良与边坡防护技术、适生乡土灌草选育及植被抗旱建植保育技术，确立科学合理的采煤迹地生态修复技术模式并进行综合示范，为贺兰山生态治理区生态修复工程与生态保护提供科技支撑。

2021 年 6 月，贺兰山生态保护修复成为首批基于自然的解决方案中国实践典型案例之一，被自然资源部和世界自然保护联盟公布推广。

（三）实践过程

①预先查阅相关资料，了解宁夏贺兰山作为中国西北重要的地缘格局、生态安全屏障当下所面临的生态环境问题。

②通过专业技术人员的讲解，了解关于贺兰山东麓基于"山水林田湖草沙一体化、

近自然重塑的系统解决方案"的生态保护修复工程概况。

③进行实地参观，熟悉和掌握一些废弃矿山的环境整治及生态修复技术。

（四）思考题

①结合现场考察，绘制出废弃矿山生态修复的（通用）技术流程。

②以贺兰山东麓的生态环境修复项目为例，试阐述何为"山水林田湖草沙一体化、近自然重塑的系统解决方案"？

③贺兰山区适生乡土灌草的品种有哪些？其建植抗旱保育技术有哪些？

扫码查看
- ☑ AI环境科学智库
- ☑ 环境监测特训营
- ☑ 环评师养成课堂
- ☑ 环保法规研习所

第6章　大学生创新创业指导

实施创新创业（双创）教育是培养高素质应用型人才的重要途径，是素质教育的深化和具体化。在高校开展大学生创新创业教育，不仅有利于培养创新创业型人才、提升大学生的创新创业能力，还可以促进解决大学生就业问题。做好创新创业教育需要充分调动广大师生参与创新创业活动的积极性和主动性，全面推动大学生创新创业教育的发展。

6.1　实施大学生创新创业教育的目的

①通过实施创新创业教育，实现从应试教育向素质教育的转变，从以知识为中心的教育向以能力为本的教育转变，全面提升学生的创新精神和实践能力，使学生具备从事创新创业实践所必需的知识、能力及素养，最终成为高素质的创新创业型人才。

②通过实施创新创业教育，培养创新精神与创业技能，使大学生毕业后成为有实力的求职者，促进学校就业工作的开展，为学生今后的职业生涯创造一个良好的开端。

③通过实施以创新创业为导向的课程体系和教学管理体系改革，构建创新创业教育管理平台，培育创新创业教育的师资队伍，创造有利于创新创业人才成长的教学实践条件和环境。

6.2　大学生创新创业形式

目前，大学生参与创新创业活动的形式多样。2024年3月22日，中国高等教育学会高校竞赛评估与管理体系研究专家工作组发布《2023全国普通高校大学生竞赛分析报告》，共84项赛事（表6-1）。

表 6-1　全国普通高校大学生竞赛赛事清单

序号	竞赛名称	序号	竞赛名称
1	中国国际"互联网+"大学生创新创业大赛	31	全国大学生集成电路创新创业大赛
2	"挑战杯"全国大学生课外学术科技作品竞赛	32	全球大学生金相技能大赛
3	"挑战杯"中国大学生创业计划大赛	33	全国大学生信息安全竞赛
4	ACM-ICPC 国际大学生程序设计竞赛	34	未来设计师·全国高校数字艺术设计大赛
5	全国大学生数学建模竞赛	35	全国周培源大学生力学竞赛
6	全国大学生电子设计竞赛	36	中国大学生机械工程创新创意大赛
7	中国大学生医学技术技能大赛	37	中国机器人大赛暨 RoboCup 机器人世界杯中国赛
8	全国大学生机械创新设计大赛	38	"中国软件杯"大学生软件设计大赛
9	全国大学生结构设计竞赛	39	中美青年创客大赛
10	全国大学生广告艺术大赛	40	睿抗机器人开发者大赛（RAICOM）
11	全国大学生智能汽车竞赛	41	"大唐杯"全国大学生新一代信息通信技术大赛
12	全国大学生电子商务"创新、创意及创业"挑战赛	42	华为 ICT 大赛
13	中国大学生工程实践与创新能力大赛	43	全国大学生嵌入式芯片与系统设计竞赛
14	全国大学生物流设计大赛	44	全国大学生生命科学竞赛（CULSC）
15	外研社全国大学生英语系列赛	45	全国大学生物理实验竞赛
16	两岸新锐设计竞赛·华灿奖	46	全国高校 BIM 毕业设计创新大赛
17	全国大学生创新创业训练计划年会展示	47	全国高校商业精英挑战赛
18	全国大学生化工设计竞赛	48	"学创杯"全国大学生创业综合模拟大赛
19	全国大学生机器人大赛	49	中国高校智能机器人创意大赛
20	全国大学生市场调查与分析大赛	50	中国好创意暨全国数字艺术设计大赛
21	全国大学生先进成图技术与产品信息建模创新大赛	51	中国机器人及人工智能大赛
22	全国三维数字化创新设计大赛	52	全国大学生节能减排社会实践与科技竞赛
23	"西门子杯"中国智能制造挑战赛	53	"21 世纪杯"全国英语演讲比赛
24	中国大学生服务外包创新创业大赛	54	iCAN 大学生创新创业大赛
25	中国大学生计算机设计大赛	55	"工行杯"全国大学生金融科技创新大赛
26	中国高校计算机大赛	56	中华经典诵写讲大赛
27	蓝桥杯全国软件和信息技术专业人才大赛	57	"外教社杯"全国高校学生跨文化能力大赛
28	米兰设计周-中国高校设计学科师生优秀作品展	58	百度之星·程序设计大赛
29	全国大学生地质技能竞赛	59	全国大学生工业设计大赛
30	全国大学生光电设计竞赛	60	全国大学生水利创新设计大赛

序号	竞赛名称	序号	竞赛名称
61	全国大学生化工实验大赛	73	全国企业竞争模拟大赛
62	全国大学生化学实验创新设计大赛	74	全国高等院校数智化企业经营沙盘大赛
63	全国大学生计算机系统能力大赛	75	全国数字建筑创新应用大赛
64	全国大学生花园设计建造竞赛	76	全球校园人工智能算法精英大赛
65	全国大学生物联网设计竞赛	77	国际大学生智能农业装备创新大赛
66	全国大学生信息安全与对抗技术竞赛	78	"科云杯"全国大学生财会职业能力大赛
67	全国大学生测绘学科创新创业智能大赛	79	全国职业院校技能大赛
68	全国大学生统计建模大赛	80	全国大学生机器人大赛-RoboTac
69	全国大学生能源经济学术创意大赛	81	世界技能大赛
70	全国大学生基础医学创新研究暨实验设计论坛（大赛）	82	世界技能大赛中国选拔赛
71	全国大学生数字媒体科技作品及创意竞赛	83	一带一路暨金砖国家技能发展与技术创新大赛
72	全国本科院校税收风险管控案例大赛	84	码蹄杯全国职业院校程序设计大赛

6.3 大学生创新创业教育的组织

（1）成立创新创业教育组织机构，统筹协调学校的创新创业教育

为切实加强学生的创新创业教育，学校应成立创新创业教育组织机构，领导、组织、协调和指导学生的创新创业活动。创新创业教育组织机构由学校领导牵头，教务处、科研处、学生处、团委、招生就业处、产业处、财务处、书院、学部和二级学院共同参与。通过加强组织领导，统筹规划，组织实施，把大学生创新创业活动的各项工作落到实处。

（2）加强学院对创新创业教育工作的组织领导

各学院要加强对创新创业教育工作重要性的认识，组织成立大学生创新创业活动领导小组，同时可聘请创业成功的校友、企业管理者、有关专家担任学生的创业导师，为学生的创新创业活动提供强有力的支持。

（3）发挥大学生科技实践创新中心在创新创业活动中的引领作用

充分发挥大学生科技实践创新中心的作用，将其建设成为具有鲜明特色的校级创新创业实训基地。建立创客空间或基地，为大学生创新创业教育活动和能力培养提供实践环境。对于已经接受系统的创新创业课程教育、具备创新创业潜质和创新创业热情的大学生，校级创新创业实训基地可以提供专业化、个性化的指导，并为项目启动提供场地和经费支持。

6.4 提升大学生创新创业能力的措施

（1）将创新创业教育贯穿人才培养全过程

深化高校创新创业教育改革，健全课堂教学、自主学习、结合实践、指导帮扶、文化引领融为一体的高校创新创业教育体系，增强大学生的创新精神、创业意识和创新创业能力。坚持以促进学生全面发展为目标，以培养学生创新创业意识和精神为核心，以创新创业项目和活动为载体，以创新创业能力提高为关键的创新创业教育新理念。切实把创新创业教育贯穿于人才培养的全过程，建立以创新创业为导向的新型人才培养模式，健全校校、校企、校地、校所协同的创新创业人才培养机制，打造一批创新创业教育特色示范课程。

（2）加强大学生创新创业培训

面向全体学生开设创新创业教育类必修课程，使学生初步了解创新创业的基本知识、途径和一般规律，培养学生创新创业的意识。可根据不同专业，开展在专业相关领域、行业进行创新创业的针对性教育，充分发掘本专业创新创业潜力。也可以通过讲座或课程形式，启发学生将创新创业活动与所学专业知识结合起来，使各专业学生能够深刻理解专业内涵，并在学科专业基础上开展高层次的创新创业实践。环境科学与工程专业可以强化创新教育，培育创新成果，促进成果转化。

（3）构建创新创业教育课程平台

创建各类创新创业实训基地，如二级学院主要依靠各中心实验室、实验中心、工程中心以及校内外产学研实践基地来构建创新创业实训基地。通过开放实验室，为相关专业学生进行各类科研开发、完成实践创新训练计划项目提供必要条件。建立以大学生科技实践创新中心为主体的校级创新创业实训基地，为已经接受系统的创新创业课程教育的学生提供专业化、个性化的创业指导，并为项目启动提供适当资助。通过建立孵化基地，为学生进一步研发提供资金和政策的支持，为企业创办和运行提供融资服务。

（4）建立与创新创业教育相适应的激励政策与制度

在专业培养方案中规定必修的创新实践学分，保证每一个学生都能接受最基本的创新创业教育，对参与学科竞赛和创业实践取得优异成绩的学生给予适当学分。为解决学生参与创新创业实践在时间上的制约，学校将在学分制基础上进一步完善选课制度，并为学生延长修业年限创造更加便利的条件。鼓励教师投身创新创业教育，对指导学生取得优异成绩的教师进行奖励。

（5）发掘社会资源，建立专家指导机制

准确把握创新创业教育的政策导向，瞄准社会需求，服务经济社会发展，建立政府推动、学校主动、社会互动的创新创业教育联动机制。充分发挥政府和社会各界的人才优势，建立创新创业教育专家指导委员会。专家指导委员会为学校创新创业教育提供咨询、指导；审定创新创业教育课程设置；参与建设校外创新创业教育实践基地；评估创新创业项目；协助建立与政府、企业等社会各界的联系。创新创业教育专家指导委员会由学校主管领导、资深教师、政府官员、知名企业家、优秀校友等构成。

（6）提升教师创新创业教育教学能力

为推动开展创新创业教学研究与教学建设，学校可以成立创新创业教育教研室，并配备专职教师。强化高校教师创新创业教育教学能力和素养培训，改革教学方法和考核方式，推动教师把国际前沿学术发展、最新研究成果和实践经验融入课堂教学。完善高校双创指导教师到行业企业挂职锻炼的保障激励政策。实施高校双创校外导师专项人才计划，探索实施驻校企业家制度，吸引更多各行各业优秀人才担任双创导师。支持建设一批双创导师培训基地，定期开展培训。充分发挥现有教师队伍的作用，通过培养、引进，逐步建立一支与创新创业教育相适应的、专兼职结合的高素质教师队伍。尤其注重选配或选聘富有创新创业经验的教师担任创新创业实践指导教师。

（7）加大支持力度，建立大学生创新创业基金

不断加大对创新创业教育的投入，将创新创业教育所需经费纳入学校年度预算，为创新创业教育稳步、持续开展提供保障。同时，通过学校投入、社会捐助、个人支持等渠道，建立大学生创新创业教育基金，用于支持学生创新创业实践、扶持重点项目。充分发挥社会资本作用，以市场化机制促进社会资源与大学生创新创业需求更好对接，引导创新创业平台投资基金和社会资本参与大学生创业项目早期投资与投智，助力大学生创新创业项目健康成长。

6.5　创新创业指导案例

6.5.1　大学生暑期"三下乡"社会实践活动

大学生暑期"三下乡"社会实践活动，是大学生接触社会和了解农村的窗口，也是大学生实践服务乡村和专业回馈社会的渠道，更是学生锻炼自己和磨砺自我意志的平台。

"美丽新宁夏"视角下新农村环卫设施状况调查实践与提升效能的路径思考
——以西吉县吉强镇为例

（一）实践主题与意义

在当下全国"美丽乡村建设+农村人居环境整治"、自治区卫生县城创建和"美丽新宁夏"建设持续推进的大背景下，由宁夏大学组建的"美丽村庄创建"调研小分队的 6 名同学，紧扣社会环卫热点关切问题（源于前期去西吉县踩点入乡村考察时，深切感受到了当地环卫状况差和相关设施短缺等现实问题），参与大学生暑期"三下乡"社会实践活动项目，对西吉县吉强镇下辖的 3 个行政村部，进行了为期 10 天的新农村"环卫设施运行状况"的现场考察和探索调研实践活动。

本项目在调研本地农村环卫建设水平、环卫设施选址布置基础上，基于农村环卫整体规治和"美丽乡村建设"相关视域思考，解析影响乡域环卫运行体系的相关因子；借鉴国内外农村环卫体系规划经验，尝试重新探索并再规设符合西吉县吉强镇农村废物治理的环卫收运系统、有效分类收集方式、终端处理方式；以期解决西吉县吉强镇农村环卫问题和废物污染难题，为地方环卫设施提效和优化运作体系方面提供一些借鉴和补益。

（二）主要内容与实践策划

①对西吉县吉强镇农村环境卫生现状进行调研。重点是对西吉县吉强镇各农村地区环境卫生的治理问题进行现场考察和调研，掌握西吉县吉强镇农村地区的环卫模式进展现状、垃圾分类收集处理现状、清扫保洁现状、环卫设施建设现状、垃圾处理设施的运行建设情况、环卫保障等内容。对调查结果进行整理总结，以便对西吉县吉强镇环卫体系及合理优化的内容进行再构建。

②梳理解析西吉县吉强镇农村地区垃圾处理水平及环卫建设存在问题。在对西吉县吉强镇农村地区环卫现状和垃圾规治调研的基础上，对构建环卫体系规划的影响因素，如区位、村庄规模、经济发展等内容进行分析，总结西吉县吉强镇农村地区环卫建设方面的可操作的处理机制和治理经验。

③对提升农村环卫运行效能的路径进行思考，提出符合西吉县吉强镇农村特点的环卫体系规治策略。通过对西吉县吉强镇农村地区环卫体系建设现状的调研分析，着手于西吉县吉强镇农村环卫现状和规划所存在的问题，并在相关理论和规设经验的指导下，开展农村环卫综合整治与"美丽乡村建设"规制统筹。将农村垃圾进行规范化处理与处置，创设较为完整的环卫设施产业链环，优化乡村垃圾收运处理体制与体系等。

西吉县吉强镇环卫设施现况调研及实践流程如图 6-1 所示。

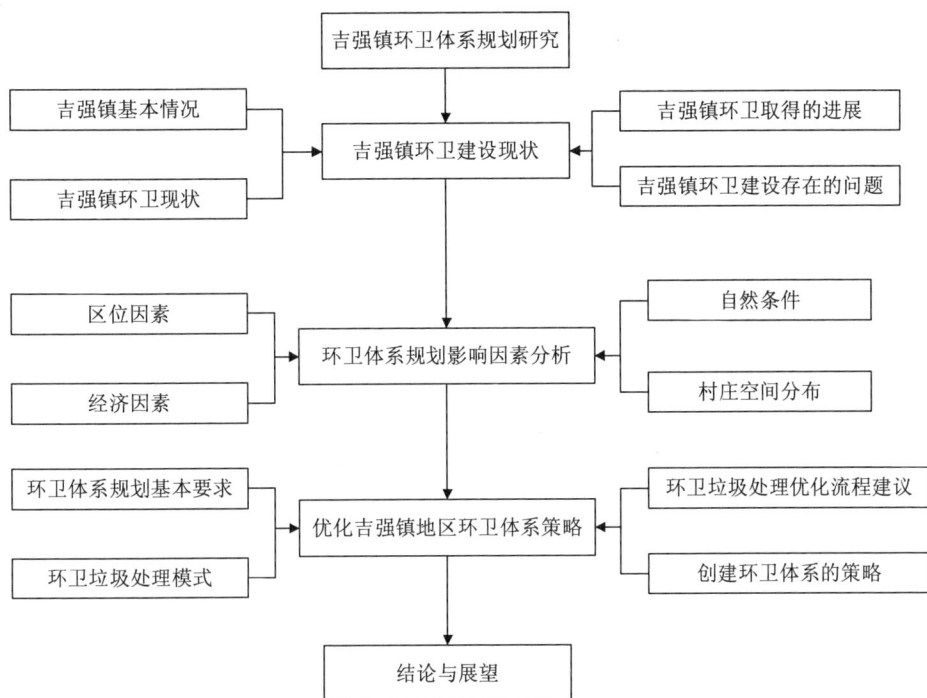

图 6-1　西吉县吉强镇环卫设施现况调研及实践流程

（三）实践活动过程

西吉县吉强镇行政区有大滩村、团结村、水泉村和龙王坝村等。当前，西吉县以争创自治区卫生县城和农村人居环境整治为抓手，加强保洁队伍和长效管护机制建设，加快垃圾转运设备提升改造，新建县城垃圾中转站 6 座、农村户厕 3000 座、粪污综合利用场 15 个、地埋式污水处理站 4 个，绿化农村道路 400 km，创建垃圾分类示范乡镇 4 个，打造农村人居环境整治样板示范村 60 个。

① 2021 年 7 月 25 日【大滩村】

调研小分队到达目的地开展了实地调研。到达吉强镇大滩村村委会后，村委会人员详细地介绍了大滩村近几年的环境整治状况，村委会负责人与实践团队成员对大滩村环卫未来发展的规划和构想进行了较充分的座谈。

② 2021 年 7 月 27 日【团结村】

调研小分队前往西吉县吉强镇团结村，对团结村村主任进行了采访，了解了当地的环卫设施（投放）情况。在交流结束后，村主任还带领调研小分队成员实地走访，并与调研小分队一起参与到当天驻村保洁员队伍中进行环卫清洁工作。

③ 2021 年 7 月 29 日—8 月 3 日【龙王坝村】

7 月 29 日，调研小分队来到了龙王坝村，在当地人员的引导下来到了龙王坝村的景观点，了解了当地乡村振兴产业近几年的发展情况。本次社会实践活动得到龙王坝村村委会大力支持，调研小分队在村支书、村主任以及会计带领下在龙王坝五保户、精准扶贫户以及其他村民的居住地进行走访，感受在国家"三农"政策背景下新农村的建设情况。在走访途中调研小分队了解了周边村民对实施垃圾分类相关事项的了解程度以及自身实践程度。

8 月 2 日，调研小分队对龙王坝村村支书进行了专访，了解到该村现有 1062 人，422 户人家分为 8 组，每组有 4 个垃圾桶，村民会自觉将自家的生活垃圾带到指定垃圾投放点丢弃。村支书表示，现在村民的素质越来越高，都会自觉地按照村委会的要求参与村里环卫建设的相关事宜。

（四）实践结语及感悟

通过本次的社会实践活动，我们深刻地体会到乡村振兴视域下，西吉县吉强镇新农村环境卫生整治与规划的显著成果，基本上都在实践着"产业兴旺、生态宜居、乡风文明、治理有效、生活富裕"美丽乡村建设的总要求。各村因地制宜地提出适合本村的环境卫生规划方案，无论是以养殖业为主的大滩村，还是以旅游业为主的龙王坝村，或者是以县城环境规划标准来要求的团结村，都能贯彻落实国家的环境政策。各村部的环卫规划、环境治理、景观保持以及乡村宣传工作，都依靠自身，做到了路边无垃圾、牲畜排泄物合理利用、垃圾集中处理。

社会才是学习和受教育的大课堂。只有在社会实践中，我们才能将在学校所学的知识与社会实践相结合。本次实践感触深刻的是在龙王坝村参观，村委会干部能结合本地优势，发挥山、水、人、文等资源优势，寻觅出适合该村发展的特色农村文旅新方式，值得大家学习借鉴。"美丽村庄创建"调研小分队今后将更有兴趣致力于乡村振兴和可持续发展事业。

——张玉东

参加社会实践活动就是引导我们大学生从校园生活过渡到社会生活的一个有效途径。这次实践给我带来在课本上无法学到的知识，让我积累了不少实际经验，获益匪浅。

——王三花

从实践中来，到实践中去，实践出真知。为了成就国家的"绿水青山"，就应该先建造村庄的碧水蓝天；只有把农村的环境建设好了，从农村走出来的劳动人民才会更好地建设祖国的"金山银山"。作为环境人，首先需要从自身做起，好好学习，要有大学生的责任感和使命感！

——黄龙

此次大学生暑期"三下乡"社会实践活动，给我们带来了很好的体验。到条件较苦的基层去实践锻炼，确实能感受"香自苦寒来"的道理，况且基层农村确实还是需要多些有知识且有能力的大学生贡献力量。能参加这次大学生暑假"三下乡"社会实践活动，我深感荣幸。它使我们走出校园，走出课堂，走向社会，走上了与实践相结合的道路，到社会的大课堂上去经受风雨，见识世面，增长才干。

——龚毅寅

通过参加这次的社会实践活动，我们在活动中体会到了快乐，汲取了更多的知识！我们深入农村，了解民情，虽然是短短的几天，却拥有了深刻的体会。通过这段时间的实习，学到了一些在学校里学不到的东西。同时也让我从另一个层面了解了我们这门学科的魅力。我们在剩下的大学时间，不仅要学习好专业知识，还要全面提高自己实践能力。

——王维东

这几天下乡实践过程中，我不仅感受到了农民生活的艰辛，也体会到了实施国家政策可使乡村改造发展得更加顺利，建设出来的乡村更有人情味，村中洋溢着平和与温暖的氛围。在整个调查过程中，难免遭逢雨天，面对这样的突发状况，在我们束手无策之时，很多村民向我们伸出援助之手。我们虽身在异乡，却也让人倍感温暖。

——马小娟

"美丽村庄创建"调研小分队的同学们，在大学生暑期"三下乡"实践活动的组队阶段、准备阶段（内容策划）、实践阶段（过程实施）、调研及项目的结题等各项工作中，大家能互帮互助，协作有序并将项目圆满完成，整体实施效果较好，达到了本次实践活动的预期目的，收到了良好的社会反馈。

——指导老师

（五）现场活动图片

本次大学生暑期"三下乡"社会实践活动开展过程中，调研小分队的同学需要到西吉县吉强镇各个村庄调研走访（2021 年 7—8 月），考察了解当地环卫设施的情况以及村民垃圾分类的意识，晚上则进行心得体会的讨论并编写新闻稿。实践活动期间，同学们展现了吃苦耐劳的精神，并在现状问题的处理能力上得到了提升，特别是同学们在吉强镇团结村进行调研时，能不畏高温炎热的天气，全部参与到该村庄街道的大清扫和环卫整治工作中。

通过此次社会实践活动，同学们提高了专业实践能力，展示了年轻一代"宁大人"的"沙枣树"精神和新时代大学生应有的坚毅朴实的品行，彰显了当代大学生关心农村和回馈社会的责任感和使命感。图 6-2～图 6-4 为现场活动图片。

图 6-2　团队成员在龙王坝村开展调研

图 6-3　团队成员与团结村保洁员清洁作业

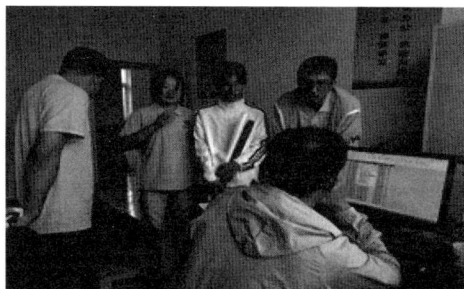

图 6-4　团队成员与大滩村村委会干部进行访谈交流

6.5.2　全国节能减排大赛社会调研项目

宁夏贺兰县盐碱地区渔业养殖节能减排现状及优化措施研究

一、目的与意义

本次社会实践活动的目的是以贺兰县为例分析宁夏盐碱地区渔业养殖节能减排的现状，针对当前节能减排工作中的问题，提出建议与优化措施，助力宁夏渔业养殖实现绿色高质量发展。

二、主要内容及技术路线

本次社会调研主要包括以下几个内容：

①通过查阅相关文献资料，并实地调研贺兰县具有代表性的渔业养殖企业，了解该县渔业养殖基本信息，从养殖模式、渔业设备和水质净化三个角度分析贺兰县渔业养殖节能减排的现状；

②基于调研结果和参考资料总结出贺兰县渔业养殖在节能减排实践中面临的困境与存在的问题；

③针对问题，提出能够进一步提升节能减排效益的可行性建议与优化措施。

本次技术路线如图6-5所示。

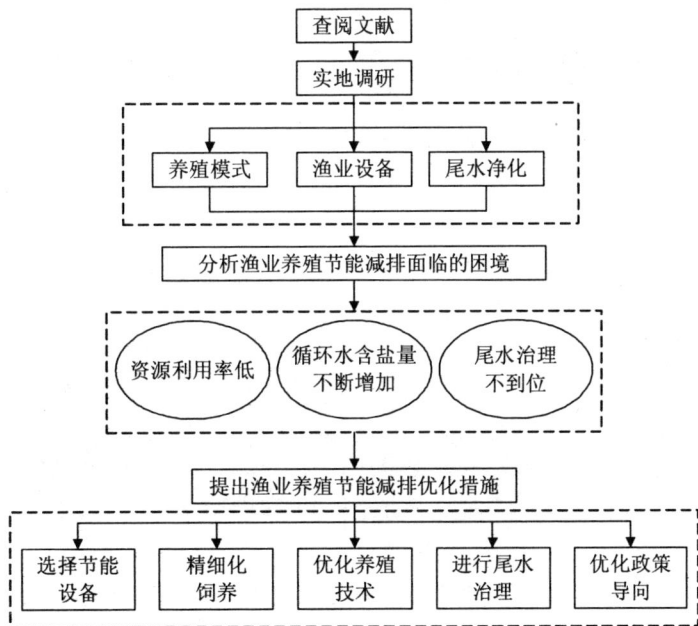

图6-5 技术路线

三、研究方法

①根据研究目标和研究内容，进行调查方案设计，通过实地考察，调研访问，并辅以文献查阅和网络调查方式。

②实地考察分析"鱼菜共生"高效复合种养殖模式、"稻蟹共作-鱼塘养殖"复合生态系统模式、稻渔综合种养和"渔光一体"养殖模式。

③从资源利用率低、循环水含盐量增加、尾水治理不到位等方面分析贺兰县渔业养殖节能减排面临的困境。

④从优化曝气系统的配置和操作、利用太阳能储能节能设备、实施精细化饲养、优化养殖技术、因地制宜进行尾水治理、优化政策导向等方面提出渔业养殖节能减排优化措施。

四、现场调研照片

调研团队调研"鱼菜共生""稻蟹共作-鱼塘养殖"复合生态系统、"渔光一体"养殖的现场照片如图 6-6～图 6-8 所示。

图 6-6 "鱼菜共生"现场调研

图 6-7 "稻蟹共作-鱼塘养殖"复合生态系统现场调研

图 6-8 "渔光一体"养殖现场调研

第 7 章　实习实践的组织管理

7.1　实习实践组织流程

（1）前期准备

为确保实习实践的顺利实施，并达到良好的教学效果，在开展实习实践活动之前，应进行实习准备，包括与实习实践单位的联系、实习任务的提前讲授和安全教育等。

（2）过程管理

实习实践的组织，实行学院统筹领导下的专业教师业务指导制度，由学院统筹落实经费、下达实践计划、配备指导教师等。由带队老师组织实习，并将学生分组，设置业务小组长管理制。

（3）总结与反馈

实习结束后，进行班级实习总结，对实习成绩进行评定。组织教学经验交流，进行教学文件的归档。加强过程性考核，实习成绩包括两部分，即过程表现成绩和实习报告成绩。实习指导教师根据实习笔记记录质量与实习过程表现状况，给出过程表现成绩，占总成绩的 40%；根据实习报告编制状况，给出实习报告成绩，占总成绩的 60%。

实习实践的组织管理流程如图 7-1 所示。

7.2　实习纪律与安全注意事项

对学生进行安全及纪律教育。要求如下：

①遵守国家政策法规、《普通高等学校学生管理规定》和《高等学校学生行为准则》以及学校与实习单位的各项规章制度。

②认真学习实习的有关文件和各项规定，明确实习目的，端正态度，积极参加业务实习活动。严格地完成实习任务，不做与实习无关的事情。

③服从学院和实习单位的领导，听从指导教师的指挥安排。

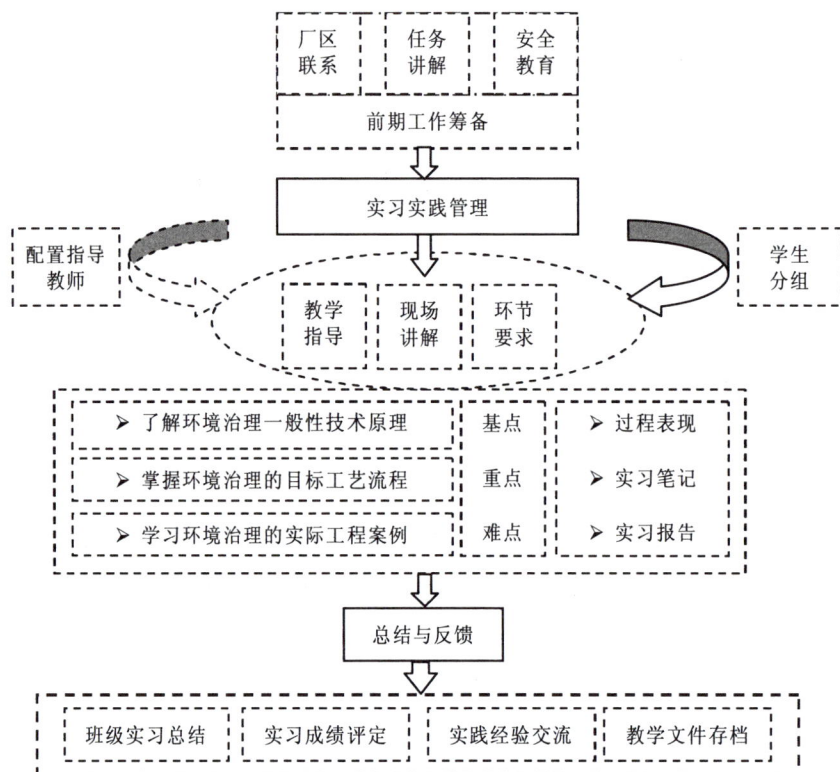

图 7-1 实习实践的组织管理流程

④实习期间，不迟到、不早退、不缺勤；因故请假，必须事先写出书面申请，经学院领导及指导教师同意。

⑤实习期间，要注意安全，严格遵守实习单位的安全制度和有关规定。进入厂区需佩戴安全帽；穿防滑运动鞋，不得穿高跟鞋、拖鞋、裙子和短裤；未经允许，不得擅动电气、阀门、开关等。

⑥维护学校荣誉，树立大学生的良好形象，发扬团结友爱精神，注意维护好与实习单位的关系。爱护公物，在实习期间向实习单位和学院借用的物品必须按期归还，如有遗失损坏，必须照价赔偿。

⑦团结友爱，关心集体，努力克服生活和实习中遇到的各种困难。虚心向技术人员和工人师傅请教专业问题，有礼貌提问，并进行讨论分析。摘清实习所规定的单元处理设施的原理和采用的方法，了解主要设备的基本规格型号。

⑧实习过程要认真记笔记，做好实习记录。内容除文字外，经工作人员允许可适当拍照；现场实习结束，将实习笔记和照片进行整理，形成实习报告。

7.3　实习实践的强化措施

（1）落实专业人才培养过程的成果导向教育（OBE）理念，确立明确的培养目标和要求

根据国家和社会对环境科学与工程专业人才培养的需求，本着专业可持续发展理念，通过优化课程体系，将课堂理论与课外实践、实训相结合，提高环境科学与工程专业学生的工程应用和解决实际问题的能力。从就业领域、职业特性与定位、能力素质等方面，制定适应需求、面向未来、体现区域或地方特色的人才培养目标，并设计相应实习实践相关教学活动与之对应，支撑专业人才培养。

（2）制定和完善各类实习制度

为明确教学任务重要性、指导和约束实习中的教学行为、奖励优秀师生，形成并建立专业实习制度、组织制度、实习检查评价制度等一系列确实可行的制度。稳定环境科学与工程实习的组织管理，使实习安全稳定、有序按时进行。

（3）建立长期稳定的生产实习实训基地

生产实习实训基地是高等教育的实践基础平台，是培养学生动手能力、创新能力的核心资源。联合当地生态环境宣传部门，以区域特色产业的环境保护为切入点，开展污染调查研究以及土壤、大气和水环境监测。加强与地方企业或社会组织之间的沟通、交流与合作，依托校内资源与校外企业合作共建校内实训基地，为学生搭建实践平台。通过实践开阔眼界，提高学生的动手能力，将理论知识转化于实际应用中。

（4）加强实习实践指导老师队伍的建设

加强专业教师队伍的建设，注重产学研结合，契合实习实践教育的需求，以期实现协同育人的培养效果。鼓励指导教师参加国家级、省部级项目培训或到其他高校进修学习，提升专业水平和素养。积极发挥专业带头人的作用，组成结构合理、潜力优良的师资梯队。通过社会需求调研、企业挂职进修、承担社会服务项目等方式，增强教师专业综合能力和工程实践经验。鼓励教师参加注册环保工程师、环境影响评价工程师、注册公用设备工程师等相关职业资格考试，强化工程素质。此外，聘请具有从业经历、项目开发经验和一定教学能力的企业专家进行工程案例教学，参与实习实训和毕业设计等指导。另外，可以积极吸收创业成功的校友、杰出企业家等专业实践能力强的兼职教师进校授课或联合指导学生，提供足够的师资保障。

（5）形成实习实践效果评价体系

为检验教学效果，实施全过程考核，通过学生实习实践表现、成果汇报与讨论、实习实践报告等，评定综合成绩，考核从知识层面、能力层面、素质层面三个层面开展评

价。知识层面主要考查专业人才认识人类面临的全球性和区域性环境问题，以及掌握环境保护与可持续发展的基本理念情况；能力层面主要考查学生的团队合作和课堂汇报，评价学生沟通能力、团队精神、合作意识、获取知识并自主学习的能力；素质层面则主要考查学生的思想纪律、团结协助和责任担当。此外，也可以通过问卷调查、师生座谈、走访企业、教师座谈等方式进行实习实践效果评价。并跟踪毕业生工作反馈、用人单位评价反馈等，准确判断学生作为专业人才实施可持续发展战略、加强生态文明建设、建设美丽中国的应有综合能力与素质，结合考核结果持续改进专业人才培养方案，不断完善实习实践效果评价体系。

扫码查看
☑ AI环境科学智库
☑ 环境监测特训营
☑ 环评师养成课堂
☑ 环保法规研习所

参考文献

[1] 崔龙哲，李社峰. 污染土壤修复技术与应用[M]. 北京：化学工业出版社，2016.

[2] 杜祥琬，钱易，陈勇，等. 我国固体废物分类资源化利用战略研究[J]. 中国工程科学，2017，19（4）：27-32.

[3] 郭江源，姜冉，张志勇，等. 基于石灰石－石膏湿法脱硫的超低改造技术分析[J]. 能源环境保护，2019，33（6）：36-38，64.

[4] 国务院. 土壤污染防治行动计划. 2016.

[5] 郝吉明，马广大，王书肖. 大气污染控制工程（第四版）[M]. 北京：高等教育出版社，2021.

[6] 洪坚平. 土壤污染与防治[M]. 3版. 北京：中国农业出版社，2011.

[7] 蒋文举，赵君科，尹华强，等. 烟气脱硫脱硝技术手册（第二版）[M]. 北京：化学工业出版社，2012.

[8] 匡颖，张焕祯，张宝刚，等. 新工科背景下地学特色环境工程本科人才培养模式探索[J]. 大学教育，2022（9）：197-200.

[9] 李欢耀，李佳女. 打造餐厨垃圾处理"银川模式"[N]. 中国建设新闻网，2023-08-15.

[10] 刘秉儒，张成梁，史常青，等. 贺兰山保护区采煤迹地生态修复技术与模式研究[J]. 世界生态学，2021，10（2）：145-152.

[11] 宁夏环境科学研究院. 银川市河东生活垃圾填埋场环境影响后评价报告[R]. 2023.

[12] 齐立强，刘凤，李晶欣，等. 环境类专业燃煤电厂实习教程[M]. 北京：中国水利水电出版社，2018.

[13] 任芝军. 固体废弃物处理处置与资源化技术[M]. 哈尔滨：哈尔滨工业大学出版社，2010.

[14] 施维林，等. 场地土壤修复管理与实践[M]. 北京：科学出版社，2017.

[15] 史晓杰，万力，张永庭，等. 银北地区土壤盐渍化形成机理与模拟研究[J]. 水文地质工程地质，2007，34（6）：5.

[16] 孙兆军. 中国北方典型盐碱地生态修复[M]. 北京：科学出版社，2017.

[17] 王家宏，丁绍兰，王先宝，等. 环境工程专业"五位一体"实践教学体系的构建[J]. 中国现代教育装备，2019（307）：49-51.

[18] 王洁，周跃. 矿区废弃地的恢复生态学研究[J]. 安全与环境工程，2005，12（1）：5-8.

[19] 王勇. 垃圾焚烧发电技术及应用[M]. 北京：中国电力出版社，2020.

[20] 吴树彪，董仁杰. 人工湿地生态水污染控制理论与技术[M]. 北京：中国林业出版社，2016.

[21] 杨治广. 固体废物处理与处置[M]. 上海：复旦大学出版社，2020.

[22] 余友清，丁世敏，解晓华，等. 新工科背景下地方院校环境科学专业实践教学体系改革[J]. 大学

教育，2022（5）：66-68.

[23] 张殿印，申丽，张学义，等. 工业除尘设备设计手册[M]. 北京：化学工业出版社，2012.

[24] 赵由才，周涛，等. 固体废物处理与资源化原理及技术[M]. 北京：化学工业出版社，2021.

[25] 郑兰香，等. 贺兰山东麓葡萄酒生产废水废物处理与资源化[M]. 北京：中国环境出版集团，2022.

[26] 中华人民共和国住房和城乡建设部. 生活垃圾卫生填埋场封场技术规程（GB 51220—2017）[S]. 北京：中国建筑工业出版社，2007.

[27] 中华人民共和国住房和城乡建设部. 生活垃圾卫生填埋处理技术规范（GB 50869—2013）[S]. 北京：中国建筑工业出版社，2014.

[28] 中经未来产业研究院. 2016—2020 年中国土壤修复行业发展前景与投资预测分析报告[R]. 2021.

附　录

附录 I　部分相关环境标准规范

序号	标准名称	标准编号	发布时间	实施时间
1	《地表水环境质量标准》	GB 3838—2002	2002-04-28	2002-06-01
2	《污水综合排放标准》	GB 8978—1996	1996-10-04	1998-01-01
3	《城镇污水处理厂污染物排放标准》	GB 18918—2002	2002-12-24	2003-07-01
4	《农田灌溉水质标准》	GB 5084—2021	2021-01-20	2021-07-01
5	《发酵类制药工业水污染物排放标准》	GB 21903—2008	2008-06-25	2008-08-01
6	《畜禽养殖业污染物排放标准》	GB 18596—2001	2001-12-28	2003-01-01
7	《淀粉工业水污染物排放标准》	GB 25461—2010	2010-09-27	2010-10-01
8	《发酵酒精和白酒工业水污染物排放标准》	GB 27631—2011	2011-10-27	2012-01-01
9	《环境空气质量标准》	GB 3095—2012	2012-02-29	2016-01-01
10	《大气污染物综合排放标准》	GB 16297—1996	1996-04-12	1997-01-01
11	《火电厂大气污染物排放标准》	GB 13223—2011	2011-07-29	2012-01-01
12	《锅炉大气污染物排放标准》	GB 13271—2014	2014-05-16	2014-07-01
13	《土壤环境质量　农用地土壤污染风险管控标准（试行）》	GB 15618—2018	2018-06-22	2018-08-01
14	《土壤环境质量　建设用地土壤污染风险管控标准（试行）》	GB 36600—2018	2018-06-22	2018-08-01
15	《声环境质量标准》	GB 3096—2008	2008-08-19	2008-10-01
16	《生活垃圾焚烧污染控制标准》	GB 18485—2014	2014-05-16	2014-07-01
17	《一般工业固体废物贮存和填埋污染控制标准》	GB 18599—2020	2020-11-26	2021-07-01
18	《生活垃圾填埋场污染控制标准》	GB 16889—2024	2024-07-23	2024-09-01
19	《焦化废水治理工程技术规范》	HJ 2022—2012	2012-12-24	2013-03-01
20	《人工湿地污水处理工程技术规范》	HJ 2005—2010	2010-12-17	2011-03-01
21	《厌氧-缺氧-好氧活性污泥法污水处理工程技术规范》	HJ 576—2010	2010-10-12	2011-01-01

序号	标准名称	标准编号	发布时间	实施时间
22	《序批式活性污泥法污水处理工程技术规范》	HJ 577—2010	2010-10-12	2011-01-01
23	《氧化沟活性污泥法污水处理工程技术规范》	HJ 578—2010	2010-10-12	2011-01-01
24	《酿造工业废水治理工程技术规范》	HJ 575—2010	2010-10-12	2011-01-01
25	《大气污染治理工程技术导则》	HJ 2000—2010	2010-12-17	2011-03-01
26	《环境保护产品技术要求 电袋复合除尘器》	HJ 2529—2012	2012-07-31	2012-11-01
27	《电除尘工程通用技术规范》	HJ 2028—2013	2013-03-29	2013-07-01
28	《火电厂烟气脱硝工程技术规范 选择性催化还原法》	HJ 562—2010	2010-02-03	2010-04-01
29	《火电厂烟气脱硝工程技术规范 选择性非催化还原法》	HJ 563—2010	2010-02-03	2010-04-01
30	《火电厂烟气治理设施运行管理技术规范》	HJ 2040—2014	2014-06-10	2014-09-01
31	《石灰石/石灰-石膏湿法烟气脱硫工程通用技术规范》	HJ 179—2018	2018-01-15	2018-05-01
32	《氨法烟气脱硫工程通用技术规范》	HJ 2001—2018	2018-01-15	2018-05-01
33	《矿山生态环境保护与恢复治理技术规范（试行）》	HJ 651—2013	2013-07-23	2013-07-23
34	《生活垃圾填埋场渗滤液处理工程技术规范（试行）》	HJ 564—2010	2010-02-03	2010-04-01
35	《固体废物处理处置工程技术导则》	HJ 2035—2013	2013-09-26	2013-12-01
36	《环境噪声与振动控制工程技术导则》	HJ 2034—2013	2013-09-26	2013-12-01

附录 II 大气污染防治行动计划（节选）

大气污染防治行动计划（节选）

大气环境保护事关人民群众根本利益，事关经济持续健康发展，事关全面建成小康社会，事关实现中华民族伟大复兴中国梦。当前，我国大气污染形势严峻，以可吸入颗粒物（PM_{10}）、细颗粒物（$PM_{2.5}$）为特征污染物的区域性大气环境问题日益突出，损害人民群众身体健康，影响社会和谐稳定。随着我国工业化、城镇化的深入推进，能源资源消耗持续增加，大气污染防治压力继续加大。为切实改善空气质量，制定本行动计划。

总体要求：以邓小平理论、"三个代表"重要思想、科学发展观为指导，以保障人民群众身体健康为出发点，大力推进生态文明建设，坚持政府调控与市场调节相结合、全面推进与重点突破相配合、区域协作与属地管理相协调、总量减排与质量改善相同步，形成政府统领、企业施治、市场驱动、公众参与的大气污染防治新机制，实施分区域、分阶段治理，推动产业结构优化、科技创新能力增强、经济增长质量提高，实现环境效益、经济效益与社会效益多赢，为建设美丽中国而奋斗。

奋斗目标：经过五年努力，全国空气质量总体改善，重污染天气较大幅度减少；京津冀、长三角、珠三角等区域空气质量明显好转。力争再用五年或更长时间，逐步消除重污染天气，全国空气质量明显改善。

具体指标：到 2017 年，全国地级及以上城市可吸入颗粒物浓度比 2012 年下降 10% 以上，优良天数逐年提高；京津冀、长三角、珠三角等区域细颗粒物浓度分别下降 25%、20%、15% 左右，其中北京市细颗粒物年均浓度控制在 60 微克/立方米左右。

一、加大综合治理力度，减少多污染物排放。加强工业企业大气污染综合治理；深化面源污染治理；强化移动源污染防治。

二、调整优化产业结构，推动产业转型升级。严控"两高"行业新增产能；加快淘汰落后产能；压缩过剩产能；坚决停建产能严重过剩行业违规在建项目。

三、加快企业技术改造，提高科技创新能力。强化科技研发和推广；全面推行清洁生产；大力发展循环经济；大力培育节能环保产业。

四、加快调整能源结构，增加清洁能源供应。控制煤炭消费总量；加快清洁能源替代利用；推进煤炭清洁利用；提高能源使用效率。

五、严格节能环保准入，优化产业空间布局。调整产业布局；强化节能环保指标约束；优化空间格局。

六、发挥市场机制作用，完善环境经济政策。发挥市场机制调节作用；完善价格税收政策；拓宽投融资渠道。

七、健全法律法规体系，严格依法监督管理。完善法律法规标准；提高环境监管能力；加大环保执法力度；实行环境信息公开。

八、建立区域协作机制，统筹区域环境治理。建立区域协作机制；分解目标任务；实行严格责任追究。

九、建立监测预警应急体系，妥善应对重污染天气。建立监测预警体系；制定完善应急预案；及时采取应急措施。

十、明确政府企业和社会的责任，动员全民参与环境保护。明确地方政府统领责任；加强部门协调联动；强化企业施治；广泛动员社会参与。

我国仍然处于社会主义初级阶段，大气污染防治任务繁重艰巨，要坚定信心、综合治理，突出重点、逐步推进，重在落实、务求实效。各地区、各有关部门和企业要按照本行动计划的要求，紧密结合实际，狠抓贯彻落实，确保空气质量改善目标如期实现。

附录Ⅲ　水污染防治行动计划（节选）

水污染防治行动计划（节选）

　　水环境保护事关人民群众切身利益，事关全面建成小康社会，事关实现中华民族伟大复兴中国梦。当前，我国一些地区水环境质量差、水生态受损重、环境隐患多等问题十分突出，影响和损害群众健康，不利于经济社会持续发展。为切实加大水污染防治力度，保障国家水安全，制定本行动计划。

　　总体要求：全面贯彻党的十八大和十八届二中、三中、四中全会精神，大力推进生态文明建设，以改善水环境质量为核心，按照"节水优先、空间均衡、系统治理、两手发力"原则，贯彻"安全、清洁、健康"方针，强化源头控制，水陆统筹、河海兼顾，对江河湖海实施分流域、分区域、分阶段科学治理，系统推进水污染防治、水生态保护和水资源管理。坚持政府市场协同，注重改革创新；坚持全面依法推进，实行最严格环保制度；坚持落实各方责任，严格考核问责；坚持全民参与，推动节水洁水人人有责，形成"政府统领、企业施治、市场驱动、公众参与"的水污染防治新机制，实现环境效益、经济效益与社会效益多赢，为建设"蓝天常在、青山常在、绿水常在"的美丽中国而奋斗。

　　工作目标：到2020年，全国水环境质量得到阶段性改善，污染严重水体较大幅度减少，饮用水安全保障水平持续提升，地下水超采得到严格控制，地下水污染加剧趋势得到初步遏制，近岸海域环境质量稳中趋好，京津冀、长三角、珠三角等区域水生态环境状况有所好转。到2030年，力争全国水环境质量总体改善，水生态系统功能初步恢复。到本世纪中叶，生态环境质量全面改善，生态系统实现良性循环。

　　主要指标：到2020年，长江、黄河、珠江、松花江、淮河、海河、辽河等七大重点流域水质优良（达到或优于Ⅲ类）比例总体达到70%以上，地级及以上城市建成区黑臭水体均控制在10%以内，地级及以上城市集中式饮用水水源水质达到或优于Ⅲ类比例总体高于93%，全国地下水质量极差的比例控制在15%左右，近岸海域水质优良（一、二类）比例达到70%左右。京津冀区域丧失使用功能（劣于Ⅴ类）的水体断面比例下降15个百分点左右，长三角、珠三角区域力争消除丧失使用功能的水体。

　　到2030年，全国七大重点流域水质优良比例总体达到75%以上，城市建成区黑臭水体总体得到消除，城市集中式饮用水水源水质达到或优于Ⅲ类比例总体为95%左右。

　　一、全面控制污染物排放。狠抓工业污染防治；强化城镇生活污染治理；推进农业农村污染防治；加强船舶港口污染控制。

二、推动经济结构转型升级。调整产业结构；优化空间布局；推进循环发展。

三、着力节约保护水资源。控制用水总量；提高用水效率；科学保护水资源。

四、强化科技支撑。推广示范适用技术；攻关研发前瞻技术；大力发展环保产业。

五、充分发挥市场机制作用。理顺价格税费；促进多元融资；建立激励机制。

六、严格环境执法监管。完善法规标准；加大执法力度；提升监管水平。

七、切实加强水环境管理。强化环境质量目标管理；深化污染物排放总量控制；严格环境风险控制；全面推行排污许可。

八、全力保障水生态环境安全。保障饮用水水源安全；深化重点流域污染防治；加强近岸海域环境保护；整治城市黑臭水体；保护水和湿地生态系统。

九、明确和落实各方责任。强化地方政府水环境保护责任；加强部门协调联动；落实排污单位主体责任；严格目标任务考核。

十、强化公众参与和社会监督。依法公开环境信息；加强社会监督；构建全民行动格局。

我国正处于新型工业化、信息化、城镇化和农业现代化快速发展阶段，水污染防治任务繁重艰巨。各地区、各有关部门要切实处理好经济社会发展和生态文明建设的关系，按照"地方履行属地责任、部门强化行业管理"的要求，明确执法主体和责任主体，做到各司其职，恪尽职守，突出重点，综合整治，务求实效，以抓铁有痕、踏石留印的精神，依法依规狠抓贯彻落实，确保全国水环境治理与保护目标如期实现，为实现"两个一百年"奋斗目标和中华民族伟大复兴中国梦作出贡献。

附录Ⅳ　土壤污染防治行动计划（节选）

土壤污染防治行动计划（节选）

　　土壤是经济社会可持续发展的物质基础，关系人民群众身体健康，关系美丽中国建设，保护好土壤环境是推进生态文明建设和维护国家生态安全的重要内容。当前，我国土壤环境总体状况堪忧，部分地区污染较为严重，已成为全面建成小康社会的突出短板之一。为切实加强土壤污染防治，逐步改善土壤环境质量，制定本行动计划。

　　总体要求：全面贯彻党的十八大和十八届三中、四中、五中全会精神，按照"五位一体"总体布局和"四个全面"战略布局，牢固树立创新、协调、绿色、开放、共享的新发展理念，认真落实党中央、国务院决策部署，立足我国国情和发展阶段，着眼经济社会发展全局，以改善土壤环境质量为核心，以保障农产品质量和人居环境安全为出发点，坚持预防为主、保护优先、风险管控，突出重点区域、行业和污染物，实施分类别、分用途、分阶段治理，严控新增污染、逐步减少存量，形成政府主导、企业担责、公众参与、社会监督的土壤污染防治体系，促进土壤资源永续利用，为建设"蓝天常在、青山常在、绿水常在"的美丽中国而奋斗。

　　工作目标：到 2020 年，全国土壤污染加重趋势得到初步遏制，土壤环境质量总体保持稳定，农用地和建设用地土壤环境安全得到基本保障，土壤环境风险得到基本管控。到 2030 年，全国土壤环境质量稳中向好，农用地和建设用地土壤环境安全得到有效保障，土壤环境风险得到全面管控。到本世纪中叶，土壤环境质量全面改善，生态系统实现良性循环。

　　主要指标：到 2020 年，受污染耕地安全利用率达到 90% 左右，污染地块安全利用率达到 90% 以上。到 2030 年，受污染耕地安全利用率达到 95% 以上，污染地块安全利用率达到 95% 以上。

　　一、开展土壤污染调查，掌握土壤环境质量状况。深入开展土壤环境质量调查；建设土壤环境质量监测网络；提升土壤环境信息化管理水平。

　　二、推进土壤污染防治立法，建立健全法规标准体系。加快推进立法进程；系统构建标准体系；全面强化监管执法。

　　三、实施农用地分类管理，保障农业生产环境安全。划定农用地土壤环境质量类别；切实加大保护力度；着力推进安全利用；全面落实严格管控；加强林地草地园地土壤环境管理。

四、实施建设用地准入管理，防范人居环境风险。明确管理要求；落实监管责任；严格用地准入。

五、强化未污染土壤保护，严控新增土壤污染。加强未利用地环境管理；防范建设用地新增污染；强化空间布局管控。

六、加强污染源监管，做好土壤污染预防工作。严控工矿污染；控制农业污染；减少生活污染。

七、开展污染治理与修复，改善区域土壤环境质量。明确治理与修复主体；制定治理与修复规划；有序开展治理与修复；监督目标任务落实。

八、加大科技研发力度，推动环境保护产业发展。加强土壤污染防治研究；加大适用技术推广力度；推动治理与修复产业发展。

九、发挥政府主导作用，构建土壤环境治理体系。强化政府主导；发挥市场作用；加强社会监督；开展宣传教育。

十、加强目标考核，严格责任追究。明确地方政府主体责任；加强部门协调联动；落实企业责任；严格评估考核。

我国正处于全面建成小康社会决胜阶段，提高环境质量是人民群众的热切期盼，土壤污染防治任务艰巨。各地区、各有关部门要认清形势，坚定信心，狠抓落实，切实加强污染治理和生态保护，如期实现全国土壤污染防治目标，确保生态环境质量得到改善、各类自然生态系统安全稳定，为建设美丽中国、实现"两个一百年"奋斗目标和中华民族伟大复兴的中国梦作出贡献。

附录 V　"十四五"生态环境领域科技创新专项规划（节选）

"十四五"生态环境领域科技创新专项规划（节选）

国科发社〔2022〕238 号

针对我国主要生态环境问题与重大科技需求，依据《中华人民共和国国民经济和社会发展第十四个五年规划和 2035 年远景目标纲要》，制定本规划。

本规划确定的十大重点任务包括：

一、生态环境监测：大气 $PM_{2.5}$ 与 O_3 污染综合立体监测技术、水生态环境先进监测装备及预警技术、区域生态环境保护修复天空地协同综合监测与评估技术、污染源多要素智能化协同监测技术、天空地温室气体监测技术、生态环境应急多源数据智能化管理技术。

二、水污染防治与水生态修复：城镇水生态修复及雨污资源化技术、农业面源污染治理技术、工业废水污染防治与资源化利用技术、饮用水绿色净化与韧性系统构建技术、地表—地下统筹水生态环境修复与智慧化管控技术、水生态完整性保护修复技术。

三、大气污染防治：动态源清单与大气环境自适应智能模拟技术、多尺度大气复合污染成因与跨介质的耦合机制、大气复合污染健康损害机制与生态环境风险防控技术、多污染物源排放全流程高效协同治理与资源化技术、多污染物多尺度跨行业区域空气质量调控技术。

四、土壤污染防治：土壤复合污染成因、风险基准与绿色修复机制，农用地污染修复和可持续安全利用技术，以及土壤污染精准识别与智能监管技术。

五、固废减量与资源化利用：固废风险智能感知与数字化管控技术、典型产品生态设计与绿色过程调控技术、工业固废协同利用与产业循环链接技术、废旧物资智能解离装备与高值循环利用技术、生活垃圾及医疗废物高效分类利用技术及装备、固废资源化技术集成与综合示范。

六、多污染物跨介质综合治理：场地土壤与地下水污染协同治理和绿色修复技术、多介质复合污染协同治理技术、减污降碳协同治理技术。

七、生态系统保护与修复：人与自然耦合生态系统演变机制、生物多样性保护与生物入侵防控技术、重要生态系统及脆弱区系统保护修复技术、城市生态环境修复和生态系统服务提升技术、生态产品开发与价值实现技术。

八、新污染物治理：化学品高通量毒性测试和精细化暴露评估技术，化学品优先排序及分级分类、绿色替代合成技术，生态环境健康风险分级分区与管控技术，新污染物生态环境健康风险全过程防控技术，以及噪声与人体健康风险基准及评估技术。

九、应对气候变化：气候变化大数据与地球系统模式关键技术，气候变化影响评估、风险预警关键技术，重点领域碳达峰碳中和关键技术，碳捕集、利用与封存（CCUS）技术，重点领域适应气候变化关键技术，以及全球气候治理支撑技术。

十、支撑国际生态环境公约履约：持久性有机污染物公约履约支撑技术、巴塞尔公约管控废物综合防治与成效评估技术、保护臭氧层公约履约成效评估与预警技术、生物多样性和荒漠化履约支撑技术、汞污染监管与生态环境风险防控技术。

附录Ⅵ　"美丽宁夏"建设科技支撑方案

新征程全面加强生态环境保护推进美丽宁夏建设科技支撑方案

宁科发〔2024〕1号

为深入学习贯彻党的二十大精神和习近平生态文明思想，全面贯彻落实习近平总书记在全国生态环境保护大会、加强荒漠化综合防治和推进"三北"等重点生态工程建设座谈会上的重要讲话精神，按照自治区党委十三届五次全会安排部署，结合科技部《黄河流域生态保护和高质量发展科技创新实施方案》和"十四五"生态环境领域、资源领域《科技创新专项规划》有关要求，充分发挥科技创新对生态环境保护的引领作用，全力支撑美丽宁夏建设，制定本方案。

一、总体要求

（一）指导思想

坚持以习近平新时代中国特色社会主义思想为指导，以铸牢中华民族共同体意识为主线，深入贯彻落实党的二十大和习近平总书记视察宁夏重要讲话指示批示精神，全面落实自治区第十三次党代会和自治区党委十三届五次全会决策部署，聚焦绿色发展、低碳发展、可持续发展，在生态保护修复、污染治理、资源节约利用、绿色低碳发展、生态环境治理能力现代化等重点领域，大力实施科技创新支撑行动，突破一批关键技术瓶颈，形成转化一批重点科技成果，培养引进高端科技人才，布局建设科技创新平台，为推进黄河流域生态保护和高质量发展先行区建设、打好"三北"工程黄河"几字弯"攻坚战、建设美丽宁夏提供强有力的科技支撑。

（二）主要目标

到2027年，围绕生态环境监测与预警、生态保护与修复、生态安全、荒漠化与污染防治、产业转型与绿色低碳、适应气候变化等方面，开展一批基础研究和应用技术研究，力争攻克关键技术10项以上，转化推广应用绿色先进适用技术30项以上，新组建科技创新平台10家以上，新培育科技型企业20家以上，新培养领军人才和科技创新团队10个以上，建成科技成果转移转化示范基地5个以上、科普基地3～5个。

到2035年，生态环境保护科技创新力量明显增强，科技创新水平持续提升，在黄河安澜保障、生态保护修复、环境污染治理、资源高效利用等方面科技创新水平明显提升，安全、绿色、高效、集约、智能的科技创新保障体系健全完善，生态保护科技成果取得重要突破，科技赋能生态环境治理体系和治理能力现代化作用充分发挥，科技支撑美丽宁夏建设成效显著。

二、重点任务

（一）切实强化对全区生态保护与修复的科技支撑

1. 强化对荒漠化和沙化防治的科技支撑。以筑牢北方生态安全屏障为目标，以打好"三北"工程黄河"几字弯"攻坚战为重点，切实加快荒漠化土地系统治理和防风阻沙固沙技术研究，突破中部干旱带低质低效固沙林质量改善与生态功能提升、退化荒漠草原近自然修复与生态质量综合提升、新一代流沙固定与植被快速恢复、"五基"（卫星、遥感、无人机、移动、地面）系统综合监测与评价等技术，构建近自然精准修复与生态系统稳定性提升技术体系。加强生态与经济协调的荒漠生态经济产品供给能力提升，强化毛乌素沙地等荒漠化区域的生态系统保护与恢复，促进林草资源科学开发利用、乡土灌草资源收集筛选及扩繁等关键技术研究，构建融合沙化土地防治、经济价值、绿色产品供给新模式。

2. 强化对水土保持和水源涵养的科技支撑。以"黄土丘陵区"水源涵养和水土保持为重点，切实加强困难立地造林及植被营建、生态经济林提质增效、人工林碳汇功能调控等技术研究与示范，支撑森林质量精准提升。围绕"三山"（贺兰山、六盘山、罗山）生态屏障水源涵养、天然林保护、水土保持等生态功能建设，加强对生态系统演变规律、生态系统监测预警及服务系统、生态修复和功能提升、林草保护、水土流失防控等技术研究，构建科学完备的生态植被体系。开展河流岸坡生态防护韧性提升、河湖健康数字孪生、淤地坝坝地潜力挖掘与平衡等关键技术研究，强化宁南山区流域生态整体性修复、黄土丘陵沟壑区小流域综合治理等技术集成与示范，构建水土保持和水源涵养技术支撑体系。

3. 强化对生物多样性保护的科技支撑。以有效应对生物多样性面临的挑战、全面构建稳定的生物多样性为目标，围绕重点生态系统及濒危物种保护和恢复，开展生物多样性保护、自然保护地生态功能提升、河湖生物种群恢复等关键技术研究与示范应用。加强具有种质价值、生态功能、经济价值的重要生物资源调查与评估，开展生态恢复及生物经济发展所需的生境要素、规模数量、种群动态、生物资源的经济开发潜能综合研究。强化对荒漠草原生物多样性与风力发电、光伏基地对区域生态系统影响的研究，开展干旱半干旱区光伏基地草地生态修复与放牧利用融合发展、"光伏+设施农业"高效生产关键技术和模式集成示范，构建区域生物多样性保护和综合开发利用耦合技术支撑体系。

（二）切实强化对全区污染治理和环境保护的科技支撑

1. 强化对大气污染防治的科技支撑。聚焦沿黄城市带大气环境关键污染物、细颗粒物（$PM_{2.5}$）、可吸入颗粒物（PM_{10}）、臭氧（O_3）、挥发性有机物（VOCs）等科学开展源解析，切实科学精准掌握污染成因，并研发大气环境关键控制技术。围绕重点行业脱硫、脱硝、除尘设施的功能优化和科学管理，开展工业生产、城市运行中烟（粉）尘和大气污染产生机理、污染源追踪与解析研究，厘清烟气排放源在污染天气形成中的作用。集成环境监测、GIS（地理信息系统）及数学模型等技术，开展左旗东部—乌海市—银川平原—宁东基地污染物扩散过程、浓度时空分布、危害性评估，及其与环境要素的定量关系研究，融合数值预报、统计预报、目标观测、走航观测等方法，研发污染过程的精准溯源预报和协同调控关键技术，支撑银川及周边地区臭氧污染过程的精准管理和达标调控。

2. 强化对水污染防治的科技支撑。针对工矿企业废水、城乡生活污水、黑臭水体、湿地、河湖水治理以及地下水保护，开展污水处理技术提标、湖泊湿地建设和净化技术研发与集成，以及水源地污染风险调查和保护、水环境治理和运营等实际应用问题研究。针对山洪沟、农田退水沟、综合排水沟主要水质指标的驱动因素识别和水环境演变过程，开展水体污染物迁移转化机理、产业结构对水环境影响、不同水体类型和水动力条件对水环境影响等研究。加强挥发性有机物、恶臭污染物、高含盐高毒性高浓度有机废水治理及资源化利用等关键技术研发，开展废污水回收利用、污水脱氮除磷、非点源污染控制技术等应用示范，支撑水污染物科学控制和水生态系统平衡。

3. 强化对土壤污染防治的科技支撑。围绕土地可持续安全利用，加强土壤污染源调查监测与风险评估、污染源控制、污染过程阻断等关键技术研究，集成应用快速、便携、低扰动、现场化的高精度、多功能、多参数的土壤污染综合检测及探测装备与技术。加强农田土壤面源污染治理，加快精准施肥用药、秸秆还田、残膜回收等关键技术集成创新。研发集成适应区域耕地安全利用和治理修复的技术与模式，开展"原位钝化、叶面调控、微生物转化"等修复治理技术应用示范，支撑土壤监测与污染预警智慧化，推动土地安全高效利用。

4. 强化对新污染物防治的科技支撑。紧盯新污染物科学防治，围绕化工、电镀、印染等重点行业和园区，开展常规污染物与新污染物协同治理关键技术及成套装备研发。针对企业生产中使用有毒有害化学物质和排放新污染物现状，开展环境安全替代品、替代工艺的研发与应用，支撑危险化学品的源头替代。加强重点化学物质生产使用、典型持久性有机污染物、内分泌干扰物、抗生素、微塑料等状况调查、监测和风险评估研究，摸清主要排放源，分析源清单数据和环境风险，研究符合区域实际的新污染物治理技术规范、标准、指南，提升新污染物调查监测、筛查评估、科学处置能力。

（三）切实强化对全区资源节约集约利用的科技支撑

1. 强化对能源节约增效利用的科技支撑。加强能源消费和碳减排技术供给，开展煤炭绿色资源勘探、煤炭清洁转化、燃煤二氧化碳捕集利用封存、余热余压深度回收利用、碳排放有效管控等精细化高值化利用技术研究与应用，开发水能、太阳能、风能、生物质能及地热能等可再生能源高效低成本综合利用技术。开展绿色勘查、矿产资源集约高效利用技术研发，突破"物化遥"（物理、化学、遥感）等关键勘查技术的综合应用与信息集成，加强油气资源以及稀有金属、稀土元素及稀散元素构成的矿产资源开采、储运、利用等关键技术与装备研发，构建"空、地、深"立体化地矿技术装备体系，促进能源消费结构优化与转型。

2．强化对水资源安全与节约高效利用的科技支撑。聚焦水资源安全与节约高效利用向数字化、网络化、智能化转变，开发集成数据分析、业务应用、智能决策、成果展示等多功能的数字系统平台，开展覆盖农业、工业、服务业和城乡生活用水的数字治水技术研发与示范。研发深层地下水资源勘探与开发利用关键技术，推进地下水开发利用与地表生态系统安全协同技术应用示范。研发再生水深度处理与利用技术，开展矿井水化学类型及特征离子空间分布规律、海绵城市雨洪调控等技术研究与应用，提高矿井水、雨水等水资源综合利用率，促进节水型社会建设。

3．强化对土地资源节约集约利用的科技支撑。加强土地质量和生产力双提升技术支撑，开展主要土壤类型区农田土壤肥力演变、培肥耕作的有效性等关键技术研究与应用，强化测土配方施肥、化肥减量增效、中低产田改良、有机肥应用等技术的示范推广，综合提升耕地质量保育和耕地生产能力。开展耕地保护补偿机制和集约高产的耕地利用模式、耕地补充的资源潜力、低效与废弃土地的再开发与利用技术研究与应用。研究针对不同类型的盐碱地水盐运移规律模式，分区分类开展盐碱地综合利用应用示范，构建盐碱地水盐调控技术体系，促进土地资源拓展更新。

4．强化对固废资源利用的科技支撑。加强废弃物绿色处置和资源化利用，开展无机固废资源化利用、有机固废无害化利用、工业废盐消纳和利用、道路废旧材料再生循环利用等关键技术研究，开发粉煤灰、煤矸石、气化渣、钢渣、硅锰渣等固废源头减量和资源化综合利用关键技术，研发生活垃圾和建筑垃圾分类、处置、无害化处理和资源化再生利用技术与装备。加强畜禽粪污资源化利用处理工艺、养分保存、臭气控制、精准施用等关键技术研究，开展适用于丘陵山区、零散地块的中小型粪肥施用机具及撒肥、抛肥、深施等大型机械设备研发和应用，促进固废资源化利用智慧监管，构建生产生活绿色循环技术体系。

（四）切实强化对全区绿色低碳发展的科技支撑

1．强化对产业绿色低碳转型的科技支撑。着力提升产业绿色技术创新水平，在冶金、化工、火电、煤炭开采与初加工、生物发酵等传统产业中重点开发钢铁控轧控冷新工艺，开展冶金关键材料高纯制备技术研究，研制各类降碳节能新型催化剂，持续应用连续化绿色化生产新工艺；重点推进火电领域深度调峰、新型储能等绿色技术的集成应用，开展煤水资源一体化利用等技术研究，研发生物化学原料药、制剂及医药农药中间体的清洁化生产工艺。在新型材料、清洁能源、高端装备制造、数字信息等战略性新兴产业领域重点突破效率更高的新型锂电池正负极材料的制备技术，研制新型节能环保设备，探索推进低风速风电、电解水制氢、光催化制氢、液氢储用等新技术熟化应用，持续推进新一代信息技术与绿色低碳有机融合，通过数据赋能千行百业提升效率、降低成本。

2. 强化对交通运输绿色低碳转型的科技支撑。着力提升交通运输绿色智慧技术水平，加强新能源、清洁能源、智能化、数字化、环保型交通装备技术创新，开展智慧道路、智慧公交、智能交通管理系统、交通智能检测监测和运维技术研发与集成应用，转化应用新能源汽车动力电池与充电、交通系统智能化等关键技术，构建高效货物运输与智能物流技术体系。开展路面绿色低碳建造、道路智能养护等技术研究，研发全新一代基于"绿色技术"的高速铁路自耦牵引变压器、公路数字信息化全生命周期监管等新产品、新技术，推动交通电动化、高效化、清洁化发展，促进交通运输行业绿色转型。

3. 强化对城乡建设领域绿色低碳转型的科技支撑。着力提升城乡建设绿色发展水平，开展城乡建筑节能系统、绿色建筑、建筑运维能耗监测与管控等技术攻关，研发室内环境保障和既有建筑高性能改造技术。加强低碳建材、被动式超低能耗建筑等新技术新产品创新应用，开发装配式混凝土结构、钢结构、木结构和混合结构技术，形成通用化、标准化、模数化建筑部件和装备。集成装配式绿色装修技术，研发耐久性好、本质安全、轻质高强的绿色建材，促进绿色建筑及装配式建筑规模化、高效益、可持续发展。

（五）切实强化对生态环境治理现代化的科技支撑

1. 强化数字化应用。深化人工智能、大数据、区块链、云计算等数字技术在管理决策中的应用，加强气象预报预测和风险预警等关键技术研发，强化滑坡、干旱、泥石流等自然灾害动态监测预警与防范、应急处置与恢复重建，以及综合救援专业化技术装备的集成创新与应用，构建"天空地"一体化防灾减灾监测体系。开展城市自然灾害链风险防控应对决策数字孪生技术研究，支撑自然资源三维立体"一张图"和国土空间基础信息平台建设。开展重点区域外来物种入侵防控与风险管控等关键技术研究，强化病源、疫源微生物、转基因生物监测预警，加强农林作物病虫鼠害监测预警、动物疫病防控等综合数字关键技术研发与示范，提高生态环境风险和应对能力。

2. 强化产学研用融合。发挥企业在绿色技术研发、成果转化、示范应用和产业化中主体作用，推进"产学研用金介"深度融合、协同创新，支持企业与高校、科研院所围绕生态环境治理与高质量发展的环保装备产品供给能力提升，开展重大技术研发、装备研制和工程示范，加快壮大环保产业。培育发展一批绿色技术创新龙头企业，每年认定5～10家绿色技术科技型企业，建设绿色技术创新中心和创新联合体，通过"科学+技术+工程"模式，实现技术创新与政策管理创新协同发力。探索"园区+基地"模式，在各类园区建立绿色技术创新转移转化示范基地，推动有条件的产业集聚区向绿色技术创新集聚区转变，实现企业、园区绿色转型发展。

3. 强化科技创新力量培育。加强旱区资源评价与环境调控、防沙治沙与水土保持、大气环境遥感探测等重点实验室和工程技术研究中心的综合创新能力建设。推进贺兰山森林生态系统、云雾山草原生态学、白芨滩生态修复、盐池北部荒漠草原、北部平原区水文过程与生态效应等野外科学观测研究站建设。围绕新污染物防治、水生态和大气环境质量监测评估、绿色催化材料、智慧交通、氢能储能等领域培育建设科技创新平台。聚焦生态修复、污染防治、绿色低碳等重点细分领域，遴选培养科技领军人才，支持相关企业、高校、科研院所等组建自治区科技创新团队，鼓励各类创新主体依托科技创新平台、院士工作站、博士后工作站等载体，全职或柔性引进一批高层次科技创新人才和团队。

4. 强化应用场景打造。抢抓全国东西部科技合作引领区建设契机，聚焦生态环保科技成果应用需求，与北京、上海、福建等省市创新主体建立长效合作机制，每年组织区内企业、高校、院所与区外创新主体联合实施科技项目、联合组建创新平台、联合培养创新人才。发布绿色低碳技术成果目录，积极开展绿色低碳科技成果供需对接，每年组织实施10～15项重点科技成果转化项目。积极对接国家重大科技专项和重点研发项目部署，在风光基地储能优化控制、钽铌铍等战略新材料深度利用，以及葡萄酒酿制、奶牛良种繁育、固废资源化利用等重点领域开展科技示范，打造应用场景，推动科技成果转化。强化区县创新联动，支持县域引进转化荒漠化土壤快速修复、碳减排等新技术、新装备，每年组织实施10～15项县域科技成果转化应用示范项目。

三、保障措施

（一）加强组织领导

加强科技部门与行业部门协同创新，建立多方联动长效机制，推进"平台、项目、人才、资金"一体化配置。构建科技项目责任机制，由科技主管部门与行业主管部门、研发单位等签订多方协议，各负其责协同发力，优化生态环境问题技术解决方案，制定生态环境标准，建设示范工程，推动产业发展。优化科技项目组织管理方式，采取"揭榜挂帅""赛马制""委托制"等新型组织模式，遴选有实力、有优势的研发单位承担项目，不断激发创新活力。

（二）加大投入力度

充分发挥财政科技资金的引导作用，不断拓宽生态环境领域科技融资渠道，通过财政直接投入、税收优惠等多种财政投入方式，引导金融机构加大支持创新的力度，激励企业增加科技研发经费投入，鼓励社会以捐赠和建立基金等方式多渠道投入，形成政府、市场、社会协同联动的科技稳定投入新机制。加大对生态环境领域基础学科和交叉学科的长期稳定支持，加强基础研究投入，注重提升科技原始创新能力。

（三）营造创新氛围

聚焦生态环境保护，加大自治区科普基地建设，组织开放相关科技创新平台、科技园区、高新技术企业、科普场馆、科普基地等科技资源，促进科学知识宣传普及，着力扩大科学普及影响力和覆盖面，提升全社会生态文明意识。凝练一批可复制的科技支撑黄河流域生态保护和高质量发展新机制新模式新经验，创新宣传方式和手段，采用多种形式彰显科技创新引领示范效应，增强践行"绿水青山就是金山银山"的自觉性和主动性。

附录Ⅶ 实习记录与报告模板

实习记录与报告

实习单位：＿＿＿＿＿＿＿＿＿＿＿＿

实习时间：＿＿＿＿＿＿＿＿＿＿＿＿

学　　院：＿＿＿＿＿＿＿＿＿＿＿＿

专　　业：＿＿＿＿＿＿＿＿＿＿＿＿

班　　级：＿＿＿＿＿＿＿＿＿＿＿＿

学　　号：＿＿＿＿＿＿＿＿＿＿＿＿

指导教师：＿＿＿＿＿＿＿＿＿＿＿＿

年　　月　　日

本科生院制

实 习 记 录			
实习时间		实习地点	

实习报告
一、实习目的
二、实习内容
三、实习过程

（根据实际需要可加页）

四、学生实习收获及感想

指导老师评阅及评分

	评 分	